饲料生产加工 150 问

许贵善 主编

U0349667

中国农业科学技术出版社

图书在版编目（CIP）数据

饲料生产加工150问/许贵善主编. -- 北京：中国
农业科学技术出版社，2023.1（2024.12重印）
ISBN 978-7-5116-6022-0

Ⅰ.①饲…　Ⅱ.①许…　Ⅲ.①饲料加工—问题解答
Ⅳ.① S816.34-44

中国版本图书馆 CIP 数据核字 (2022) 第 217957 号

责任编辑　张国锋
责任校对　李向荣　贾若妍
责任印制　姜义伟　王思文

出 版 者　中国农业科学技术出版社
　　　　　北京市中关村南大街 12 号　邮编：100081
电　　话　（010）82106638（编辑室）　（010）82109702（发行部）
　　　　　（010）82109709（读者服务部）
网　　址　https://castp.caas.cn
经 销 者　各地新华书店
印 刷 者　中煤（北京）印务有限公司
开　　本　148 mm×210 mm　1/16
印　　张　4.375
字　　数　110 千字
版　　次　2023 年 1 月第 1 版　2024 年 12 月第 5 次印刷
定　　价　30.00 元

《饲料生产加工 150 问》
编 委 会

主　编　许贵善

副主编　席琳乔　张苏江

参　编　彭婉婉　袁国宏　段平平　张立东

　　　　　李昌昌　胡丽红　刘卓凡　陆牧龙

前　言

　　饲料是养殖业的基础，也是满足动物营养需要，生产动物产品的物质基础。动物产品如肉、蛋、奶、脂肪、裘皮、羽毛以及役用动物的劳役等，都是动物采食饲料中的养分经体内转化而产生的。如果饲料数量不足，质量不高，也就不可能获得量多质优的动物产品。

　　本书聚焦我国饲草料资源分布的时空不均衡性和蛋白质饲料及优质粗饲料相对短缺的现状，以强化动物科学专业学生和相关从业人员专业素养为目标，从八大类饲料的营养特性、饲喂价值、加工方法、抗营养因子，配合饲料的生产工艺、从业人员的职业要求等方面设计了 150 个问答，旨在夯实动物科学专业学生理论与实践基础，并为相关从业人员进行饲料加工调制提供参考资料。

　　本书的出版得到了塔里木大学席琳乔教授和张苏江教授的无私帮助。编写过程中袁国宏、张立东、段平平、陈红等研究生和李昌昌、杨鑫辉、冯伟、周稳、梁敬森、鲍鑫鑫、李想等本科生在资料查找、文字编辑等方面作出了大量卓有成效的工作，在此一并表示感谢！

　　本书的出版得到了塔里木大学科技处、教务处和动物科学与技术学院的大力支持；获得了国家自然科学基金项目（31760679）、兵团科技项目（2020AB016、2018DA001-1）、动物科学省级一流本科专业（YLZYSJ202006）、饲料学校级一流本科课程（TDYLKC202118）和动物营养与饲料学课程教学团队（TDJXTD2205）等项目的资金支持。

　　本书编撰中参考了诸多专著、编著和教材，在此一并表示感谢。

　　因时间仓促，在编写和统稿的过程中存在的疏漏之处恳请广大读者批评指正。

许贵善

2022 年 10 月

目 录

Q1：国际饲料分类编码法的原理是什么？ ·················· 1

Q2：中国饲料分类编码法的方法是什么？ ··············· 2

Q3：谷实类饲料的共性是什么？ ················· 4

Q4：玉米饲料的优点有哪些？ ·············· 5

Q5：影响玉米品质的因素有哪些？ ············· 5

Q6：谷实类饲料的加工方法有哪些？ ············ 6

Q7：小麦麸和次粉的营养价值如何？ ··········· 6

Q8：米糠的生产工艺和组成如何确定？ ·········· 7

Q9：米糠和脱脂米糠的营养价值如何？ ········· 7

Q10：块根、块茎及瓜果类饲料的营养特性是什么？ ··· 8

Q11：如何防止块根块茎类饲料中毒？ ·········· 9

Q12：哪些动物易患酸中毒？如何避免？ ········· 9

Q13：饲料中添加油脂的目的是什么？ ··········· 10

Q14：饲料中添加油脂的缺点是什么？ ·········· 10

Q15：油脂的贮存与添加方法是什么？ ·········· 10

Q16：饲料加工工艺中可能会导致发霉的环节都有哪些？

应如何控制？ ··························· 11

Q17：糖蜜的饲用价值如何？ ·············· 13

Q18：饲草的物理加工方法有哪些？ ·············· 14

Q19：青干草的制作方法有哪些？ ·············· 16

Q20：青绿饲料的优缺点有哪些？ ·············· 17

Q21：为什么青绿饲料不适合做单胃动物的单一饲料？ ·········· 17

Q22：影响青绿饲料营养价值的因素有哪些？ ··········· 17

Q23：常规青贮的原理是什么？ ·············· 19

Q24：青贮的方法和步骤是什么？ ·············· 19

Q25：青贮方法分类有哪些？ ·············· 21

Q26：如何防止青贮饲料的二次发酵？ ·········· 22

Q27：青贮饲料的品质如何鉴定？ ·············· 22

Q28：如何确定（估测）青贮原料中的含水量？ ········· 23

Q29：不同形状的青贮窖如何计算贮藏量？ ········ 23

Q30：青贮饲料的饲喂量如何把握？ ·········· 25

Q31：影响裹包青贮质量的几个因素是什么？ ······· 26

Q32：特种青贮有哪些方法？ ·············· 27

Q33：常用的调制颗粒料有哪些？ ·············· 28

Q34：给羊饲喂颗粒饲料应注意哪些问题？ ········ 28

Q35：颗粒化秸秆混合料的优点有哪些？ ········· 29

Q36：秸秆微贮饲料有什么特点？ ·············· 29

Q37：秸秆微贮的方法与步骤是什么？ ·········· 30

Q38：如何感官鉴定秸秆微贮饲料的质量？ ········ 33

Q39：使用微贮饲料有哪些注意事项？ ·········· 34

Q40：制作微贮饲料的关键技术要点是什么？ ······· 34

Q41：影响氨化秸秆质量的因素有哪些？ ········· 35

Q42：如何鉴定氨化秸秆的品质？ ·············· 37

Q43：氨化秸秆有什么优点？ ···38

Q44：秸秆氨化的原理是什么？ ···39

Q45：秸秆氨化的主要方法有哪些？ ·······································39

Q46：氨化秸秆加工方法有哪些？ ··45

Q47：氨化秸秆饲喂需要注意什么？ ·······································46

Q48：氨化秸秆饲喂羊有哪些实用技术？ ··································47

Q49：为了避免羊发生余氨中毒，可采取哪些预防措施？ ··········48

Q50：秸秆育肥成年羊推荐精料配方有哪些？ ·························49

Q51：秸秆喂羊效果及操作要领有哪些？ ·································51

Q52：秸秆饲料养羊的配套措施是什么？ ·································52

Q53：反刍动物利用 NPN 的原理是什么？ ·······························53

Q54：如何提高反刍动物对 NPN 的利用效率？ ·······················53

Q55：反刍动物利用 NPN 有哪些注意事项？ ···························53

Q56：非蛋白氮饲料的饲用方法是什么？ ·································54

Q57：用评定单胃家畜蛋白质营养价值的方法来评定反刍家畜
　　　蛋白质营养价值没有意义的原因是什么？ ···················54

Q58：如何治疗反刍动物的瘤胃氨中毒？ ·································55

Q59：鱼粉质量的检验方法有哪些？ ·······································55

Q60：血粉的生产工艺和方法如何？ ·······································57

Q61：肉骨粉的加工工艺有哪些？ ··59

Q62：肉骨粉的生产方法是什么？ ··59

Q63：羽毛粉的生产方法有哪些？ ··60

Q64：鱼粉、羽毛粉以及血粉的饲用价值有何区别？ ···············60

Q65：什么是饲料抗营养因子？ ···61

Q66：生豆粕中抗营养因子有哪些？ ·······································61

Q67：大豆或大豆饼（粕）中抗营养因子有哪些？ ┈┈┈ 62

Q68：如何消除大豆饼（粕）中的抗营养因子？ ┈┈┈ 63

Q69：如何判断大豆饼（粕）的生、熟？ ┈┈┈┈ 64

Q70：如何合理利用菜籽饼（粕）？ ┈┈┈┈┈ 65

Q71：棉籽饼（粕）中的毒性成分是什么？有何危害？ ┈┈┈ 66

Q72：如何正确使用棉籽饼（粕）？ ┈┈┈┈┈ 67

Q73：花生饼（粕）的饲用价值如何？ ┈┈┈┈ 67

Q74：谷实的加工副产品有什么营养特点？ ┈┈┈ 67

Q75：玉米蛋白粉有哪些营养特点与饲喂价值？ ┈┈┈ 68

Q76：啤酒糟有哪些营养特点与饲喂价值？ ┈┈┈ 68

Q77：如何正确地储存酒糟？ ┈┈┈┈┈┈ 69

Q78：瘤胃微生物消化的主要优缺点是什么？ ┈┈┈ 69

Q79：微生物性蛋白质饲料生产有什么特点？ ┈┈┈ 69

Q80：植物性蛋白质饲料的主要营养特色有哪些？ ┈┈┈ 70

Q81：植物性蛋白质原料在使用过程中需要注意的问题？ ┈┈ 70

Q82：如何减轻植物性蛋白质饲料中的抗营养因子对畜禽的
     有害影响？ ┈┈┈┈┈┈┈┈┈ 71

Q83：抗生素添加剂的作用机理是什么？ ┈┈┈┈ 71

Q84：抗生素添加剂是如何分类的？ ┈┈┈┈┈ 71

Q85：抗生素添加剂的使用效果如何？ ┈┈┈┈ 72

Q86：促生长类抗生素的主要功能有哪些？ ┈┈┈ 72

Q87：抗生素添加剂有哪些毒副作用？ ┈┈┈┈ 72

Q88：如何合理使用抗生素添加剂？ ┈┈┈┈┈ 73

Q89：滥用抗生素会产生什么问题？ ┈┈┈┈┈ 74

Q90：禁抗会对哪些行业领域产生影响？ ┈┈┈┈ 74

Q91：碳酸氢钠在饲料添加中的作用？ ……………………75

Q92：使用钙磷饲料应注意哪几个方面的问题？ ………75

Q93：作为饲料添加剂的条件有哪些？ …………………75

Q94：酶制剂的作用机理是什么？ ………………………76

Q95：酶制剂的作用有哪些？ ……………………………76

Q96：使用酶制剂时应注意哪些问题？ …………………77

Q97：采用高锌来提高动物抗病能力的依据是什么？ …77

Q98：维生素有效性的评定方法有哪些？ ………………78

Q99：配合饲料生产的理论基础是什么？ ………………78

Q100：如何提高饲料利用率？ …………………………78

Q101：饲料配方设计原则有哪些？……………………79

Q102：饲料成分常规分析法存在什么缺点？ …………81

Q103：评定饲料营养价值的方法有哪些？ ……………81

Q104：我国饲料工业的现状如何？ ……………………83

Q105：饲料加工的目的是什么？ ………………………84

Q106：饲料生产的工艺和设备有哪些？ ………………84

Q107：投料工的岗位职责有哪些？ ……………………85

Q108：小料工的岗位职责是什么？ ……………………86

Q109：预混料配料工岗位职责有哪些？ ………………87

Q110：饲料生产配料工的工作目标是什么？ …………87

Q111：饲料生产配料工的管理要点有哪些？ …………88

Q112：配料工生产前操作规程是什么？ ………………89

Q113：配料工生产过程中操作规程是什么？ …………89

Q114：配料工下班前操作规程是什么？ ………………91

Q115：小料工生产前操作规程是什么？ ………………91

Q116：小料工生产过程中操作规程是什么？ ·············· 92

Q117：小料工下班前操作规程有哪些？ ················ 93

Q118：台秤使用与维护保养规程是什么？ ·············· 93

Q119：制粒和膨化工岗位职责有哪些？ ·············· 94

Q120：制粒和膨化工的日常工作流程是什么？ ········ 95

Q121：制粒机的基本结构是什么？ ················ 96

Q122：环模制粒机的安全操作规程是什么？ ·········· 97

Q123：膨化机的操作注意事项是什么？ ·············· 101

Q124：制粒操作的流程是什么？ ·················· 101

Q125：制粒过程中的调质技术有哪些？ ·············· 104

Q126：制粒时对颗粒的要求是什么？ ················ 104

Q127：制粒工安全操作规程是什么？ ················ 105

Q128：制粒工安全操作如何确保人身安全？ ·········· 105

Q129：中控工的工作职责是什么？ ················ 106

Q130：中控工的日常工作流程是什么？ ·············· 106

Q131：中控岗位的操作规程有哪些？ ················ 107

Q132：中控岗位维护保养有哪些注意事项？ ·········· 109

Q133：刮板输送机常见故障与排除方法是什么？ ······ 110

Q134：螺旋输送机常见故障与排除方法是什么？ ······ 111

Q135：永磁筒磁选器常见故障与排除方法是什么？ ···· 112

Q136：锤片粉碎机一般故障及排除方法是什么？ ······ 112

Q137：粉碎机控制给料器的故障与排除方法是什么？ ·· 114

Q138：配料秤设备常见故障及排除方法是什么？ ······ 115

Q139：卧式螺带混合机常见故障及排除方法是什么？ ·· 115

Q140：制粒机常见的故障原因和排除方法是什么？ ···· 116

Q141：膨化机的常见故障及排除方法是什么？ ……………… 118

Q142：塔式冷却器的故障原因与排除方法是什么？ ………… 119

Q143：破碎机常见故障及排除方法是什么？ …………… 120

Q144：振动筛常见的故障现象、产生原因及排除方法是什么？

………………………………………………… 120

Q145：品管员的工作职责是什么？ ……………………… 121

Q146：品管员的工作目标是什么？ ……………………… 122

Q147：营销员的作用及工作特性是什么？ ……………… 122

Q148：营销员的职责是什么？ …………………………… 123

Q149：营销员的工作目标是什么？ ……………………… 123

Q150：营销员如何培养客户需求？ ……………………… 123

Q1: 国际饲料分类编码法的原理是什么？

国际饲料分类编码法，亦称为哈里斯饲料分类编码法，是由美国科学家哈里斯（L.E.Harris）于 1963 年建立的"3 节、6 位数、8 大类"的饲料分类方法，已逐渐被全世界接受。

国际饲料分类法以饲料干物质中的化学成分和营养价值为基础，将饲料特性、营养成分和营养价值相同或相近的饲料分为一类，使每一种饲料都有了统一的名称，并对每一种饲料都冠以相应的国际饲料编码（International Feeds Number，IFN），以第一节代表饲料所属的类别，共 8 大类，用 1 ~ 8 表示；第 2 节两位数，表示大类下面的亚类；第 3 节三位数，代表该饲料在此类饲料中的编号。分类方法见表 1。

表 1　国际饲料分类编码法

饲料分类号	IFN	饲料类别	饲料特性说明
1	1-00-000	粗饲料	饲料干物质中粗纤维含量 ≥ 18%，以风干物为饲喂形式的饲料，如干草类、农作物秸秆等

续表

饲料分类号	IFN	饲料类别	饲料特性说明
2	2–00–000	青饲料	天然水分含量 ≥ 60% 的青绿饲料、树叶类以及非淀粉质块根、块茎及瓜果类
3	3–00–000	青贮饲料	用新鲜的天然植物性饲料调制成的青贮及加有适量糠麸或其他添加物的青贮饲料，也包括水分含量在 45% ～ 55% 的低水分青贮（半干青贮）
4	4–00–000	能量饲料	饲料干物质中粗纤维含量 < 18%，粗蛋白质含量 < 20% 的饲料，包括禾本科籽实及其加工副产品糠麸类、淀粉质块根块茎及瓜果类和它们的加工副产品糟渣类等
5	5–00–000	蛋白质饲料	饲料干物质中粗纤维含量 < 18%，同时粗蛋白质含量 ≥ 20% 的饲料，包括豆类籽实、油料籽实及其加工副产品饼粕类和部分果实类籽实加工的副产品，动物性蛋白质饲料、非蛋白氮饲料等
6	6–00–000	矿物质饲料	工业合成的或天然的单一种矿物质或多种混合的矿物质，用来补充日粮中矿物元素的不足
7	7–00–000	维生素饲料	由工业合成的或提纯的单一品种的维生素或复合维生素，但不包括某种维生素含量高的天然青绿饲料
8	8–00–000	饲料添加剂	指为了利于营养物质的消化吸收，改善饲料品质，促进动物生长繁殖，保障动物健康而加入饲料中的少量或微量物质，但不包括微量元素、维生素和氨基酸等营养性添加剂

Q2：中国饲料分类编码法的方法是什么？

1983 年，在中国农业科学院畜牧研究所张子仪院士的主持下，根据国际饲料分类原则，结合我国传统分类法，建立了我国的饲料分类法和编码系统。除按照哈里斯将饲料分为 8 大类外，还将饲料分为 17 个亚类，选用 7 位数字编码，首位数 1 ～ 8 分别对应国际饲料分类法的 8 大类饲料，第 2 ～ 3 位编码按饲料的来源、形态、生产加工方法等属性，划分为 01 ～ 17 共 17 个亚类，后 4 位则表示饲料的编号，因此我国的饲料分类系统最多能容纳 8×17×9999=1359864 种饲料，数量比国际分类多。具体的分类方法见表 2。

表 2　中国饲料分类编码法

亚类编号	亚类名称	饲料特性	IFN
1	青饲料	天然水分含量大于或等于 45% 的栽培牧草、草地牧草、野菜、鲜嫩的藤蔓、秸秧和部分未完全成熟的谷物植株等	2
2	树叶	风干树叶，粗纤维 ≥ 18% 属粗饲料；新鲜树叶，水分 ≥ 45% 属青绿饲料	1/2
3	青贮料	常规青贮，水分 65% ～ 75%；低水分，水分 45% ～ 55%；谷物湿贮，水分 28% ～ 35%	3
4	块根、块茎与瓜果类	鲜喂，水分 ≥ 45%，属青绿饲料；干燥后属能量饲料	2/3
5	干草	粗纤维 > 18% 属粗饲料；粗纤维 <18%，粗蛋白质 <20% 属能量饲料；粗蛋白质 ≥ 20%，粗纤维 <18% 属蛋白质饲料	1
6	农副产品	粗纤维 ≥ 18% 属粗饲料；粗纤维 <18%，粗蛋白质 <20% 属能量饲料；粗蛋白质 ≥ 20%，粗纤维 <18% 属蛋白质饲料	1
7	谷实	粗纤维 <18%，粗蛋白质 <20% 属能量饲料	4
8	糠麸	粗纤维 <18%，粗蛋白质 <20% 属能量饲料；粗纤维 ≥ 18% 属粗饲料	4
9	豆类	粗蛋白质 ≥ 20%，粗纤维 <18% 属蛋白质饲料；粗蛋白质 <20% 属能量饲料	5

亚类编号	亚类名称	饲料特性	IFN
10	饼粕	粗纤维 ≥ 18% 属粗饲料；粗纤维 <18%，粗蛋白质 <20% 属能量饲料；粗蛋白质 ≥ 20%，粗纤维 <18% 属蛋白质饲料	5
11	糟渣	粗纤维 ≥ 18% 属粗饲料；粗纤维 <18%，粗蛋白质 <20% 属能量饲料；粗蛋白 ≥ 20%，粗纤维 <18% 属蛋白质饲料	1
12	草籽树实	粗纤维 ≥ 18% 属粗饲料；粗纤维 <18%，粗蛋白质 <20% 属能量饲料；粗蛋白质 ≥ 20%，粗纤维 <18% 属蛋白质饲料	4
13	动物性饲料	粗蛋白质 ≥ 20%，属蛋白质饲料，如鱼粉、血粉等；粗蛋白质 <20%，粗灰分含量也较低的属能量饲料，如动物油脂类；粗蛋白质 <20%，主要补充钙磷为目的的属矿物质饲料，如肉骨粉等	5
14	矿物质饲料	可供饲用的天然矿物质、化工合成无机盐类及有机配位体与金属离子的螯合物	6
15	维生素饲料	由工业合成或提取的单一种或复合维生素制剂	7
16	添加剂	非营养性物质＋饲料中用于补充氨基酸为目的的工业合成赖氨酸、蛋氨酸等	8
17	油脂	以补充能量为目的的属于能量饲料	4

Q3：谷实类饲料的共性是什么？

1. 无氮浸出物含量高　一般占干物质的 70% ～ 80%。主要是淀粉，是这类饲料中最有饲用价值的养分。

2. 粗纤维含量低　平均为 2% ～ 6%，因而谷类籽实的消化利用率高，可利用能值高。

3. 蛋白质含量低且品质差　蛋白质含量平均在 10% 左右

（7%～13%），难以满足畜禽的蛋白质要求。由于该类饲料在全价配合饲料中占有很大的比例，故其蛋白质含量和品质对全价料的蛋白质量和质都有很大的影响。品质优良的清蛋白和球蛋白含量少，而品质较差的谷蛋白和酶溶蛋白的含量高（占80%～90%）。

4. 矿物质含量不平衡 钙少（一般低于0.1%），磷多（达0.3%～0.5%），磷主要是植酸磷，利用率低，并可干扰其他矿物元素的利用。

5. 维生素含量不平衡 一般含维生素B₁、烟酸、维生素E较丰富，而维生素B、维生素D和维生素A较缺乏。

Q4: 玉米饲料的优点有哪些？

含可利用能值高，无氮浸出物高达74%～80%，粗纤维仅有2%，消化率高达90%以上，代谢能为14.05 MJ/kg。不饱和脂肪酸含量较高（3.5%～4.5%），是小麦、大麦的2倍，玉米的亚油酸含量高达2%，为谷类饲料之首。

Q5: 影响玉米品质的因素有哪些？

1. 水分 水分含量高的玉米，干物质含量低、养分含量少，而且容易滋生霉菌，引起腐败变质，甚至引起霉菌毒素中毒。

2. 贮藏时间 随贮存期延长，玉米的品质相应变差，特别是脂溶性维生素A、维生素E和色素含量下降，有效能值降低。

3. 破碎 玉米破碎后即失去天然保护作用，极易吸水、结块和霉变，脂肪酸易发生氧化酸败。

4. 霉变情况 霉菌及其毒素对玉米品质的影响，在于降低适口性和畜禽的增重，甚至产生特异性中毒症状。如黄曲霉毒素使鸡腿畸形，甚至造成死亡。在霉变玉米中添加维生素 E、维生素 D、维生素 A 可缓解中毒程度。

Q6： 谷实类饲料的加工方法有哪些？

由于一些籽实的种皮、颖壳、糊粉层的细胞壁物质，淀粉粒的性质以及一些抗营养因子的存在，影响动物对这类饲料的消化利用，有必要对这些饲料进行加工调制，加工调制的方法有机械加工、发芽、糖化和发酵等。

1. 机械加工方法

（1）磨碎、压扁与制粒。大麦、燕麦、水稻等籽实的壳皮坚实，不易透水，如动物咀嚼不全而进入胃肠时，就不易被消化酶和微生物作用而整粒随粪排出。因此，饲喂前要进行磨碎、压扁、制粒。磨碎一般采用中磨，即对猪和老年家畜细度以直径 1 mm、羊 1 ～ 2 mm 和小动物 2 ～ 4 mm 为宜。

（2）湿润与浸泡。湿润一般用于粉尘多的饲料；浸泡多用于硬实的籽实或油饼的软化，或用于溶解除去有毒物质。

（3）蒸煮与焙炒。蒸煮可以改变籽实的淀粉粒结构，从而提高消化率；焙炒可使饲料中的淀粉部分转化为糊精而产生香味，用作诱食饲料。

2. 籽实发芽、糖化、发酵 将籽实经适度加水、加温后使其生芽，淀粉分解成糖，并同时产生 B 族维生素、各种酶和酸、醇及芳香性物质来改善籽实消化性、适口性。

Q7： 小麦麸和次粉的营养价值如何？

小麦麸蛋白质含量高，但品质较差；维生素含量丰富，特别是富含 B 族维生素和维生素 E，但烟酸利用率仅为 35%；矿物质含量丰富，特别是微量元素铁、锰、锌较高；钙少磷多，磷主要是植酸磷。小麦麸物理结构疏松，含有适量的粗纤维和硫酸盐类，有轻泄作用，可防便秘；可作为添加剂预混料的载体、稀释剂、吸附剂和发酵饲料的载体。

次粉对于肥育畜禽的效果优于小麦麸，甚至可以与玉米价值相等，是很好的颗粒黏结剂，可用于制颗粒饲料和鱼虾饵料。但用在粉状饲料时因粉碎过细，易造成粘嘴现象，影响适口性，故较适用于颗粒状饲料。

Q8: 米糠的生产工艺和组成如何确定？

大型精米加工厂采用的工艺为：稻谷脱壳得到谷壳和糙米，糙米精制得到精米和副产物米糠。谷壳亦称为砻糠，营养价值极低，不能用作饲料。米糠由糙米皮层、胚和少量胚乳构成，占糙米重的 8% ～ 11%。一般每 100 kg 稻谷可得稻壳 20 ～ 25 kg，糙米 75 ～ 80 kg。

一些小型加工厂则采用由稻谷直接出米的工艺，得到谷壳、碎米和米糠的混合物，称为统糠。一般 100 kg 稻谷可得精米 65 ～ 70 kg，统糠 30 ～ 35 kg。统糠属于粗饲料，营养价值较低。生产上也常见到将砻糠和米糠按一定比例混合的糠，如二八糠、三七糠等，其营养价值取决于砻糠的比例，砻糠的比例越高，营养价值越低。

Q9: 米糠和脱脂米糠的营养价值如何？

米糠是能值最高的糠麸类饲料，新鲜米糠的适口性较好。但由于米糠含脂较高,且主要是不饱和脂肪酸,容易发生氧化酸败和水解酸败,易发热和霉变。通常在碾磨后放置 4 周即有 60% 的油脂变质。变质的米糠适口性变差,引起动物严重腹泻甚至死亡。

米糠是猪很好的能量饲料。新鲜米糠在生长猪饲粮可用到 10% ～ 12%,肥育猪饲粮可达 30%。但米糠用量过多,可能使猪背膘变软,胴体品质变差,用量宜控制在 15% 以下。米糠饲喂家禽的效果不如猪。随饲粮中米糠用量增加,肉鸡的生产性能会下降。蛋鸡比肉鸡更能耐受高水平的米糠。米糠对牛的适口性好,能值高,肉牛和奶牛均可使用。但变质的米糠适口性下降,可引起腹泻,体脂和黄油变软并带黄色。脱脂米糠使用比较安全。米糠是鱼类很好的饲料,因其必需脂肪酸含量高,脂肪利用率高,并含有很高的鱼类需要的重要维生素肌醇,因而饲喂效果较好。

与米糠相比,脱脂米糠的粗脂肪含量大大减少,特别是米糠粗脂肪含量仅有 2% 左右,粗纤维、粗蛋白质、氨基酸和微量元素等均有所提高,而有效能值下降。习惯上常将米糠饼和粕归为饼粕类饲料,但按国际饲料分类原则,二者仍属能量饲料。

Q10: 块根、块茎及瓜果类饲料的营养特性是什么?

块根、块茎及瓜果类饲料的水分含量很高,干物质含量很少。鲜样中消化能含量不超过 1.80 ～ 4.69 MJ/kg,属于大容积饲料;但从干物质的营养价值来看,它们归属于能量饲料。

1. 干物质基础下粗纤维含量较低 木质素很低。无氮浸出物含量很高,达 67.5% ～ 88.1%,而且大多是易消化的糖分、淀粉或戊聚糖,每千克干物质含有 13.81 ～ 15.82 MJ 的消化能。

2. 粗蛋白质含量低 按干物质计,仅 5% 左右(鲜样 1% ～

2%），其中非蛋白氮占 50% 以上。

3. 氨基酸不平衡 赖氨酸、蛋氨酸缺乏。

4. 矿物质含量不均 钙、磷较少，钾丰富。

5. 维生素较为缺乏 仅胡萝卜、南瓜富含胡萝卜素，甜菜富含维生素 C。

Q11：如何防止块根块茎类饲料中毒？

1. 防黑斑病红薯中毒 红薯要保存好，入窖前窖内要彻底清扫消毒，窖内温度保持在 11 ～ 15℃；要正确使用保鲜剂；彻底除掉红薯黑斑病部分，并及时深埋或用火烧掉；严禁牛、羊、猪等吃有黑斑病的红薯、薯干、薯皮、粉渣以及喝煮黑斑病红薯的水。

2. 防马铃薯中毒 发芽或腐烂的马铃薯含龙葵素，要除掉芽后经煮熟方可饲用；不能让家畜喝煮马铃薯的水，也不能用煮马铃薯的水拌饲料。

3. 防木薯中毒 木薯无论是生喂还是熟喂都要先做去毒处理；木薯加工后的残渣含毒不多，可以直接饲喂。

Q12：哪些动物易患酸中毒？如何避免？

反刍动物易患酸中毒。酸中毒是指反刍动物摄入大量易消化的碳水化合物 / 精料后在瘤胃微生物的作用下迅速降解产生挥发性脂肪酸过多，导致动物不能迅速吸收，引起 pH 下降，导致动物消化紊乱的一类疾病。

避免酸中毒的方法：①避免饲喂过多的精饲料；②提高粗饲料饲喂量或合理搭配精粗饲料；③添加小苏打或氧化镁等缓冲剂。

Q13：饲料中添加油脂的目的是什么？

1. 营养性目的

（1）提高饲粮能量浓度，改善动物生产性能。

（2）作为脂溶剂，促进色素、脂溶物的吸收。

（3）添加脂肪可缓解环境温度变化对动物造成的应激。

（4）添加富含必需脂肪酸的油脂，以生产具有保健作用的猪肉、禽肉和鸡蛋。

2. 非营养性目的

（1）减少粉尘。

（2）改善饲料的外观，利于销售。

（3）提高饲料颗粒的生产效率，改善饲料粒状效果，减少加工机械磨损。

Q14：饲料中添加油脂的缺点是什么？

（1）增加饲料的成本投入。

（2）油脂的运输、贮存、保管难度大，在用量少的情况下，可能导致购买的油脂使用期过长。

（3）增加抗氧化剂的使用，饲料面临氧化酸败的风险。

（4）添加油脂需要特殊的设备，生产的饲料需要特殊的包装。

Q15：油脂的贮存与添加方法是什么？

油脂应保存于密闭和不透光的容器中，并放置于低温干燥处。金属离子能诱发油脂变质，故应防止油脂与铜等金属的接触，贮槽、管道和阀门等尽量采用不锈钢材料。而且油脂中要添加适量抗氧化剂。

油脂可采用预拌方式添加，即先用豆粕类等吸附后，再逐步扩大混入饲料中；也可采用直接喷雾法，即先将油脂加热变成液态，再以喷嘴直接喷雾到饲料中。制造颗粒饲料时，若油脂添加过多，会变软而无法成形。可先在原料中加入 3% 左右，制成颗粒后，剩余的油脂可用喷雾方法直接喷涂到刚从颗粒机出来且热的颗粒饲料上。

Q16: 饲料加工工艺中可能会导致发霉的环节都有哪些？应如何控制？

饲料的霉变问题一直是困扰着饲料生产厂家的诸多问题之一，造成饲料霉变的原因是多方面的，饲料生产制造工艺中造成霉变只是众多因素之一。在实际生产中发现有饲料在很短的保存期内（10 ～ 20 d），甚至更短的时间就有发生局部霉变结块现象，在其他条件都符合要求的前提下（如水分、防霉剂、环境、温度、湿度、保管等），这种霉变现象的来源之一就是生产工艺的制定不完善所引起的。

目前多数饲料生产工厂制作颗粒饲料时的工艺流程是：在冷却器开始下料后，通过斗式提升机将已冷却的饲料提升到一定高度，然后卸入成品分级筛进行筛分，分级筛通过两级筛网将饲料分成 3 种不同的料层，最上层筛上物定为不合格，中间层为合格成品，最下层筛下物定为不合格，合格的成品流进成品仓，待包装。而不合格上、下两层物料将汇总后流回制粒机上待制粒。这一工艺造成的霉变因素问题就出在最上层筛筛出的物料上。通过制粒机的粉料是经过严格的粉碎混合，筛选处理过的，粒径都很小，再经过环模制粒后，通过环模孔流出的物料从理论上讲最大尺寸都不会大于环模正常产品的外形尺寸。也就是说，正常情况下分级筛上允许颗粒饲料全通过，就不会有筛上物产生（偶尔有个别未被切断的超长颗粒除外），在实际生产中，最上层筛网上又确实有一些筛上物产生。通过收集这些筛上物来观察分析就不难发现除了个别超长的颗粒饲料外，主要是由以下两种物料组成：①从制粒机下至分级筛中各流通环节设备脱落下来的零件（如垫圈、螺帽等）；②制粒机至分级筛中各流通环节脱落下来的高水分结团料和机壳上形成的水锅巴及闭风器、冷却器、提升机等各饲料流程设备内一些死角内积存的变质结块料脱落物。这些物料团因长期处于高温水分的环境下，淀粉糊化率要比正常生产的颗粒饲料高得多，这给霉菌的繁殖创造了有利条件。当这些物块流回制粒机重新再次被制粒后，它们将全部混入成品。而这些高水分的颗粒一旦进入成品包装袋作为商品，将会产生两种不利因素：一是颗粒颜色与正常成品有明显的差异，而且多数已变质，饲喂动物后产生不良反应，造成企业形象受损，用户投诉增加；二是由于这些颗粒含水量一般都比正常合格颗粒高得多，加之有些已经有变质现象，所以很容易在短期内诱发袋内霉变发生，由于微生物的代谢作用，一旦霉变水分将有所增加，加速饲料的霉变，恶性循环下，造成包内饲料在短期内局部发热结块霉变。

综上所述，分级筛上筛网上的筛分物中的第一类物料主要是金属元件，回流后将堵塞环模，而第二类物料则造成饲料品质恶化，所以这两种物料都不应该再回流到制粒机，而是应该作为废渣处理。

解决方法 在分级筛最上层筛网的回流管上增设一个三通，将回流物料分两种情况分别处理：①如果生产颗粒饲料，则通过三通的一个出口将筛上物直接接入一个存料箱（因物料很少，每天清理一次即可）；②如果生产破碎饲料，则将三通切换，使筛上物料通过三通的另一个出口流出，进入破碎机上部缓冲仓内再破碎。实践发现，此方法对因工艺引起的霉变起抑制作用，能收到较好的效果。

Q17：糖蜜的饲用价值如何？

糖蜜适口性好，一般来说，鸡、猪、牛、羊均喜欢采食。

1. 鸡 由于有效能值低，加之采食太多易造成软便现象，故一般在日粮中的用量不宜超过 5%。在蛋鸡饲料中随用量的增加会增加饮水量，致使粪便中水分增加而污染蛋壳。

2. 猪 仔猪饲料中使用糖蜜可增加采食量，用量一般占日粮的 5%，过多易造成腹泻和产软便。母猪日粮中适量添加糖蜜有利于预防便秘。

3. 奶牛 适口性好，能提高瘤胃微生物的活性。可占日粮精料的 5%～10%，用量过多，产奶量和乳脂率均下降。

4. 肉牛 糖蜜用于肉牛可促进食欲，用量宜在 10%～20%，可少量取代玉米，其饲用价值为玉米的 70% 左右；若全量取代时，其价值仅为玉米的 50%。

5. 育肥羊 糖蜜可作为育肥羊的饲料，用量宜在 10% 以下。

但由于具有轻泻性，用量要加以限制；糖蜜饲喂方法如果不当，易招苍蝇。

Q18：饲草的物理加工方法有哪些？

1. 切短和粉碎　切短和粉碎是处理秸秆最简便有效的方法。经机械加工的饲料秸秆长度变短，颗粒变小，使家畜对秸秆的采食量、消化率以及代谢能的利用效率都发生改变。因此，民间流传的"寸草铡三刀，没料也上膘"和"细草三分料"等说法，是有科学道理的。

2. 揉碎处理　随着秸秆资源的大力开发，搓揉机逐渐得到了广泛的应用，其优点如下。

（1）破坏了表面硬质与茎节，不损失其营养成分，便于动物的消化吸收。

（2）把秸秆加工成细丝状，成为易于采食、适口性好的饲草料。

（3）有利于秸秆的干燥、压捆储存和运输以及进一步粉碎加工，提高了饲草料的利用率。

（4）克服了秸秆饲料利用率低、浪费大、污染严重等缺点。

3. 浸泡　将农作物秸秆放在水中浸泡一段时间后饲喂家畜能提高适口性。此外，浸泡处理也可改善饲料采食量和消化率，提高秸秆的利用效率。经浸泡的秸秆，质地柔软，能提高其适口性。在生产中，一般先将秸秆切细后再加水浸泡并拌上精料进行饲喂，可显著提高秸秆的利用率。饲喂羊只时控干水分，再加入 2% ～ 10% 糠麸或玉米粉等精饲料，能取得良好的饲喂效果。

4. 蒸煮　将农作物秸秆放在具有一定压力的容器中进行蒸煮处理可以提高秸秆的消化率。蒸煮可降低纤维素的结晶度，软化秸秆，提高适口性，提高消化率，还能消灭秸秆上的霉菌。蒸煮处理的效果依据条件不同而异。在肉羊饲养中可按每 100 kg 切碎的秸秆加入饼类饲料 2 ～ 4 kg、食盐 0.5 ～ 1 kg、水 100 ～ 150 L 的比例在锅内蒸煮 0.5 ～ 1 h，温度为 90℃，然后掺入适量胡萝卜或优质干草进行饲喂。

5. 热喷膨化　热喷膨化技术是一种热力效应和机械效应相结合的物理处理方法。可以改善粗饲料的适口性，增加家畜的采食量，从而提高粗饲料的利用率。

6. 射线照射　研究表明，利用 γ 射线照射可提高饲料的饲用价值。材料不同，处理的效果也不尽相同，一般都会增加体外消化率和瘤胃挥发性脂肪酸产量，主要是由于照射处理增加了饲料中的水溶性部分，后者被瘤胃微生物利用所致。有研究表明，对秸秆进行激光处理，能撕裂粗饲料中的纤维结构，显著提高羊只对粗饲料的消化利用率。

7. 碾青　将厚约 0.33 m 的麦秸铺在打谷场上，上面铺 0.33 m 左右的苜蓿，苜蓿上再铺一层相同厚度的麦秸，然后用碾子碾压。流出的苜蓿汁液可被麦秸吸收，被压扁的苜蓿在夏天只要暴晒 0.5 ～ 1 d 就可干透。这种方法能较快制成苜蓿干草，茎叶干燥速度均匀，叶片脱落损失少；而麦秸适口性与营养价值也大大提高，不失为一种多快好省的秸秆饲料调制办法。

8. 打浆　在作物收获时，仍保持青绿多汁状态的秸秆适宜打浆，如马铃薯、甘薯蔓等。这些秸秆打浆后，可改善适口性，增加采食量。易与其他饲料混拌饲喂。

9. 颗粒化　颗粒化技术是将秸秆揉切粉碎，与其他优质饲草或精料混合后进行制粒的工艺技术。颗粒化可使粉碎饲料通过消化道的速度缓慢，提高饲草的消化率。秸秆颗粒饲料的特点是很容易将纤维素、微量元素、非蛋白氮和添加剂等成分加入颗粒饲料，可以提高营养物质的含量，并使各种营养元素含量更加平衡，改善适口性，提高羊只采食量及生产性能。随着饲料加工业和秸秆畜牧业的发展，秸秆饲料颗粒化方面有了很大进展，秸秆饲料颗粒化成套设备已得到广泛应用。

Q19：青干草的制作方法有哪些?

青干草的制作方法很多，但总的要求是干燥时间短，均匀一致，营养物质损失最少。

1. 田间晒制法　牧草刈割后，在原地或附近干燥地段摊开暴晒，每隔数小时加以翻晒，使水分尽快蒸发降至 40% ~ 50%，用搂草机或手工搂成松散的草垄，并集成高 1 米、直径 1.5 米松散透气的草堆。天气晴好可倒堆翻晒，天气恶劣时小草堆外面最好盖上塑料布，以防雨水冲淋。直到水分降到 17% 以下即可贮藏，如果采用摊晒和捆晒相结合的方法，可以更好地防止叶片、花序和嫩枝的脱落。

2. 常温鼓风干燥法　为了保存营养价值高的叶片、花序、嫩枝，减少干燥后期阳光暴晒对胡萝卜素的破坏，把刈割后的牧草在田间就地晒干至水分到 45% ~ 50% 时，再放置于设有通风道的干草棚内，用鼓风机、电风扇等吹风装置进行常温吹风干燥。采用此方法调制干草时只要不受雨淋、渗水等危害，就能获得品质优良的青干草。

3. 高温快速干燥法　此法多用于工厂化生产草粉、草块。先把牧草切碎，放入烘干机中，通过高温空气，使之迅速干燥，然后把草段制成草粉或草块等。

干燥时间的长短取决于烘干机的性能，从数秒钟到几小时不等，可使牧草含水量从 80% ～ 90% 下降到 15% 以下，虽然有的烘干机内热空气温度可达到 1 100 ℃，但牧草的温度一般不超过 30 ～ 35 ℃，故可以保存养分在 90% 以上。调制良好的干草枝叶鲜绿或深绿色，叶及花序损失不到 10%，含水量 15% ～ 17%，有浓郁的干草香味，但再生草调剂的优良干草，香味较淡。劣质干草叶色发黑或发黄、发白，叶及花序损失大。

Q20：青绿饲料的优缺点有哪些？

青绿饲料的优点是产量高，适口性好，富含蛋白质、矿物质、维生素和未知生长因子，如果使用得当，不但可以节省精料，而且可以完善饲粮营养。特别是对种猪，可显著提高繁殖力。其缺点是含水量高，不易保存，需要量大，只能作为辅助饲料。

Q21：为什么青绿饲料不适合做单胃动物的单一饲料？

（1）由于青绿饲料含水量太高，干物质量相对较少。

（2）单胃动物的胃容积较小，导致摄入的干物质数量少，能量和有效养分摄入不足。

（3）粗纤维含量高也是限制因素之一。

Q22：影响青绿饲料营养价值的因素有哪些？

1. 品种、生长阶段和部位　豆科牧草和叶菜类的营养价值较高，禾本科次之，水生植物饲料最低。同种青绿饲料的品种不同，营养价值也有差异。研究者比较了国内外 60 个紫花苜蓿品种的营养成分含量，表明青绿饲料的营养成分除受栽培等条件影响外，品种的特质也起一定的作用。青绿饲料的生长阶段不同，其营养价值也各异。幼嫩时期水分含量高，干物质中蛋白质含量较多而粗纤维较少，因此在早期生长阶段的各种牧草有较高的消化率，其营养价值也高。随着植物生长期的延长，粗蛋白质等养分含量逐渐降低，而粗纤维特别是木质素的含量则逐渐上升，致使营养价值、适口性和消化率都逐渐降低。植物体的部位不同，其营养成分差别也很大。例如，苜蓿的上部茎叶中粗蛋白质含量高于下部茎叶，而粗纤维含量则低于下部。一般来讲，茎秆中粗蛋白质含量低而粗纤维含量高，叶片中则恰恰相反。因此，叶片占全株的比例越大，营养价值就越高。

2. 土壤与肥料　土壤是植物营养物质的主要来源之一。生长在肥沃和结构良好的土壤上的青绿饲料的营养价值较高；反之，在贫瘠和结构差的土地上收获的青绿饲料的营养价值就较低。特别是青绿饲料中一些矿物质元素的含量在很大程度上受土壤中该元素含量与活性的影响。泥炭土与沼泽土中的钙、磷均较缺乏；干旱的盐碱地中的植物很难利用土壤中的钙；石灰质土壤中的植物对锰和钴吸收不良。有些微量元素往往在很大一个地区的土壤中含量不足或者过多，会形成地方性营养缺乏症或中毒症。例如，我国内陆山区与西北地区土壤中缺碘，易引起家畜甲状腺肿大；东北克山地区土壤缺硒，导致家畜患白肌病等。施肥可以显著影响植物中各种营养物质的含量，在土壤缺乏某些元素的地区施以相应的肥料，则可防止这一地区家畜营养性疾病的发生。对植物增施氮肥，不仅可以提高植物的产量，还可增加植物中粗蛋白质的含量，并且施肥后植物生长旺盛，茎叶浓绿，因而叶绿素含量亦显著增加。

3. 气候条件　如气温、光照及降水量等对青绿饲料的营养价值影响也较大。如在多雨地区或季节，土壤经常被冲刷，土壤中的钙质容易流失，故植物体内钙质积累较少；反之，在干旱地区或季节，植物体内积累的钙质较多。在寒冷地区的植物，粗纤维含量较温暖地区高，粗蛋白质和粗脂肪的含量则较少。此外，生长在阳光充足的阳坡地的植物，粗蛋白质和六碳糖的含量显著高于阴坡地的植物。

4. 管理因素　牧地放牧制度的健全与否也影响草地总的营养价值。放牧不足，植物变得粗老，营养价值降低；过度放牧则使许多优良牧草如豆科牧草被频繁采食，以致不能恢复生长，逐渐从牧地上消失，使牧地总营养价值降低。此外，草地经常刈割可打乱植物生长发育规律，使其恢复到生理上幼嫩的生长阶段，蛋白质和脂肪的含量可保持在一个较高水平，而粗纤维含量降低。

Q23: 常规青贮的原理是什么？

在绝氧条件下，青贮饲料中的厌氧乳酸菌大量繁殖，利用糖分进行发酵，产生乳酸。当乳酸的含量积聚到 pH 值为 3.8 ～ 4.2 时，青贮原料中所有微生物的活动都被抑制，此时青贮料处于稳定状态，养分不再变化，从而达到长久保存的目的。

Q24: 青贮的方法和步骤是什么？

1. 选好青贮原料　主要是选择植物青贮原料的品种和选定适宜的收割时期，这对青贮饲料的质量影响很大。在适宜的成熟期收获植物原料，才可以保证最高产量和最佳养分含量。玉米青贮最好选择玉米籽实在蜡熟期时为最好；草类青贮饲料的原料收获时期和选制良质干草（青干草）的收获时期相同；禾本科牧草以在抽穗期收获为佳；豆科牧草以开花初期收获为好。利用农作物茎叶作青贮原料，应尽量争取提前收割作物。

2. 清理青贮设施　新建的青贮窖应将施工时用到的水泥、砖块等清理干净，晾干后彻底打扫方可使用；用过的青贮设施，在使用之前应将窖中剩余的陈旧饲料挖出，将青贮窖墙壁附着的脏土和灰尘铲除后再用。

3. 适度切碎青贮原料　原料青贮前一般都要切碎，使液汁渗出，润湿原料的表面，有利于乳酸菌的迅速发酵，提高青贮饲料的品质。原料的切碎，常使用青贮联合收割机或青饲料切碎机，也可用滚筒式铡草机，按原料的不同把机器调节到粗切或细切的部位。按饲喂家畜的种类和原料的质地，一般切成 2～5 cm 的长度，含水量多、质地细软的原料可以切得长些，含水量少、质地较粗的原料可以切得短些。

4. 控制原料水分的含量　原料的水分含量是决定青贮品质最重要的因素。大多数青贮作物原料，以含水分 60%～70% 的青贮效果最好。新收割的青草和豆科牧草含水量为 75%～80%，这就意味着要将它的含水量降低 10%～15%，才适宜制作青贮饲料。

5. 青贮原料的装填和压实

（1）青贮原料的装填。为了能使切碎的原料及时送入青贮设施内，原料的切碎机最好放置在青贮建筑的近旁，切碎的原料要尽量避免暴晒。青贮设施内应经常安排人将装入的原料耙平混匀。

（2）青贮原料的压实。为了避免存有空隙和腐败，任何一种切碎的植物原料在青贮设施中都要装匀和压实，而且压得越实越好，要特别注意靠近壁和角的地方不能留有空隙，便于营造厌氧环境，便于乳酸菌的繁殖。小型青贮由人力踩踏，大型青贮宜用履带式拖拉机来压。但须注意，不要让拖拉机带进泥土、油垢和碎金属等杂物。

6. 青贮建筑物的密封和覆盖 青贮设施中的原料装满压实以后，必须密封和覆盖，目的是隔绝空气继续与原料接触，使青贮建筑物内呈厌氧状态，以抑制好气性微生物发酵。可采取先盖 1 层细软的青草，草上再盖 1 层塑料薄膜，并用泥土堆压靠青贮窖壁处，然后用适当的盖子盖严；也可以在塑料膜上盖 1 层苇席、草箔等物，再盖土。如果不用塑料薄膜，需在压实的原料上面加盖 3 ～ 5 cm 厚的软青草，再在上面覆盖 35 ～ 45 cm 厚的湿土并压实。每天检查盖土的状况，注意使其在下沉时与青贮原料一同下沉。并应将下沉时盖顶上所形成的裂缝和孔隙用湿土抹好，以保证高度密封。在青贮窖无棚的情况下，窖顶的泥土必须高出青贮窖的边缘，呈圆坡形，以免雨水流入窖内。

Q25：青贮方法分类有哪些？

1. 常规青贮 这是普遍采用的一种方法。它的实质就是收割后，立即在缺氧条件下贮存。

2. 低水分青贮（半干青贮） 是将青饲料收割后，放 1 ～ 2 天后，使其含水率降到 40% ～ 55% 时，再进行厌氧贮存。

3. 添加剂青贮 青贮时添加一些物质（尿素、食盐等）到青贮原料中，以提高青贮饲料的品质。

4. 水泡青贮 又叫清水发酵、酸贮饲料，是短期保存青饲料的一种简易方法。用清水淹没原料，充分压实造成缺氧。这种饲料略带酸味和酒味，质地较软，适口性好，适宜喂猪。

Q26：如何防止青贮饲料的二次发酵？

青贮二次发酵，又叫好气性腐败，是指已发酵完成的青贮饲料，在温暖季节开启使用后，空气随之进入，好气性微生物在有氧的条件下大量繁殖，青贮饲料中的养分大量损失，出现好气性腐败，并产出大量的热。

（1）要适时收割原料。以玉米作青贮原料为例，可选用霜前黄熟的早熟品种玉米，其含水量不超过70%。如果在遭霜后收割青贮，乳酸发酵受抑制，如果青贮饲料的总酸量减少，开封后易发生二次发酵；

（2）青贮原料应切得较短，装贮要紧密；

（3）完全密封并填平；

（4）仔细计算日需要青贮饲料量，合理安排日取量的比例；

（5）用甲酸、丙酸、丁酸等喷洒在青贮饲料上，能防止二次发酵，也可喷洒甲醛、氨水等；

（6）减小青贮容器的体积，每一单位贮量以在1～3日喂完为宜。为此可将青贮设施分成若干小区，各区间密闭不相通；每小区的贮存量仅供1～2日采食。

Q27：青贮饲料的品质如何鉴定？

1. 感官鉴定

（1）气味。质量好的上等青贮饲料具有酸香味，气味芳香，酸味也浓，似酒糟、似泡菜；中等青贮酸味较少，具有香味但不浓；劣等青贮具有强丁酸味或刺鼻臭味、霉味。

（2）色泽。上等青贮呈绿色或黄绿色，与原料颜色相似；中等为黄褐色或暗绿色；下等为褐色或黑色。

（3）质地。上等青贮茎叶结构保存良好，叶片脉络清晰可见，拿到手中松散、柔软略带湿润；中等青贮柔软但稍干或水分稍多，茎叶可分；劣等青贮茎叶腐烂，黏成一团，或者松散干燥，粗硬。

2. 化学鉴定

（1）pH 值。上等：3.8～4.4；中等：4.6～5.2；下等：5.4～6.0。

（2）有机酸含量。品质好的应该含有较多的乳酸，少量乙酸，而不含丁酸。

（3）氨态氮。氨态氮与总氮的比值是反映青贮饲料中蛋白质及氨基酸分解的程度，比值越大，说明蛋白质分解越多。

Q28: 如何确定（估测）青贮原料中的含水量？

1. 搓绞法　切碎之前，使饲草适当凋萎，到植物的茎被搓绞而不致折断，其柔软的叶子也不出现干燥迹象时，原料含水量就适于青贮。

2. 手抓测定（或挤压法）　取一把切短的植物原料，手用力抓压挤后慢慢松开，注意手中原料团球的状态，在团球展开缓慢，手中见水不滴水时，原料适于青贮。

3. 烘干法　取原料样品送实验室，烘干，测定原料中水分的含量。

Q29: 不同形状的青贮窖如何计算贮藏量？

1. 圆形窖

圆形窖贮藏量（kg）＝（半径）² × 圆周率 × 高度 × 青贮饲料单位体积重量

举例：某养殖户计划饲养绵羊 80 只，全年都喂青贮饲料，外加精饲料和干草。请问每天喂青贮饲料多少千克？共需青贮饲料多少千克？需要几亩（1 亩 ≈ 667 m^2）土地种植青贮玉米？修建何种形式的青贮设施及其大小？

解答如下。

（1）一年需要的青贮饲料量，按每只羊每天喂给 2.5 kg 计算。则：

全年青贮饲料需要量 =80×2.5×365=73 000（kg）

（2）需要种植玉米秸的面积，按每亩地可收割青贮玉米秸 800 ～ 1000 kg 计算。则：

需地面积 =73000/1000 = 73（亩）

（3）青贮窖宜为直径 7 m、深 4 m 大小。则：

青贮窖容积 = 半径 ^{2}× 深度 × 圆周率

$\qquad$ =3.5^2×4×3.14

$\qquad$ =153.9（m^3）

青贮饲料的重量 =153.9×500 =76969（kg）

2. 长方形壕贮藏量

长方形壕贮藏量（kg）= 长度 × 宽度 × 高度 × 青贮饲料单位体积重量

举例：某养殖户饲养 3 头荷斯坦奶牛，已妊娠数月。问该养殖户适合种植何种饲料作物做青贮料？应种几亩？

解答如下。

（1）估计养牛头数：因已养 3 头妊娠牛，那么在 1 ～ 2 年，养牛头数最少应考虑为 6 ～ 9 头。

（2）青贮饲料供应天数：养奶牛户的青饲料供应是一个重要问

题，最稳妥的办法是种植青饲玉米，调制玉米全株青贮饲料，混种黑豆，可提高玉米青贮饲料的可消化蛋白质和代谢能总量，并能节省精料。黑白花奶牛的产奶量高，要求能够高产、稳产，饲料变化应小些，所以全年喂青贮饲料比较合适。

（3）青贮玉米与黑豆的混种面积：一般情况下，在1年两熟的灌溉区，单种青贮玉米，每亩可产茎叶 3 000 ~ 3 500 kg；玉米与黑豆混种，每亩可产 3 500 ~ 4 500 kg，以 4 000 kg 计。每头牛每天平均喂饲 20 kg 青贮饲料。则：

青贮饲料全年需要量 =（6 ~ 9）×20×365

=43 800 ~ 65 700（kg）

玉米与黑豆混种面积 =（43 800 ~ 65 700）÷4 000

=11 ~ 16（亩）

（4）青贮壕的容积：青贮壕的容积 =（43 800 ~ 65 700）÷550

=80 ~ 119（m³）

因此，青贮壕的大小为 2 m 宽，3 m 深，13.3 ~ 23.3 m 长。

Q30：青贮饲料的饲喂量如何把握？

青贮饲料是优质的多汁饲料，经过一段时间适应后，所有家畜均喜欢采食。大量饲喂结果表明，青贮饲料对马、牛、羊、驴、骡、猪等家畜均未引起任何不良影响。开始饲喂时，只要经过短期驯饲，一般很快就能习惯。对家畜的驯饲方法可在空腹时先喂青贮饲料，最初少喂，逐渐增加，然后再喂草料；或将青贮饲料与精料混拌后先喂，然后再喂其他饲料；或将青贮饲料与草料拌匀同时饲喂。

饲喂青贮饲料的数量应考虑青贮饲料的种类、品质，搭配饲料的种类，家畜种类、生理状态、年龄等。一般情况可参考表3。

表3　各种家畜青贮饲料的日喂量　　（kg）

家畜种类	适宜喂量	家畜种类	适宜喂量
产奶牛	15～20	犊牛后期	5～9
育成牛	4～9～20	马、骡、驴	5～10
役牛	10～20	妊娠猪	3～6
肉牛	10～20	初产母猪	2～5
肥育牛2岁初期	12～14	哺乳猪	2～3
肥育牛后期	5～7	羊	2～3
犊牛初期	4～5	兔	0.5

Q31：影响裹包青贮质量的几个因素是什么？

1. 青贮原料　裹包青贮技术不仅可用于玉米等禾本科牧草，也能用于蛋白质含量高而不易青贮的豆科牧草。豆科牧草蛋白质含量比较高，用于乳酸发酵的可溶性碳水化合物的含量比较低，不易青贮，而裹包青贮技术可以将其制作成半干青贮，再加上裹包的封闭性比较好，可以解决豆科牧草难青贮的问题。

2. 青贮含水量　青贮原料含有适量的水分是保证乳酸菌正常活动的重要条件。根据当前研究和实践效果，含水量45%～55%进行裹包青贮是比较合适的。但是在较低水分裹包青贮的制作过程中，必须排尽包内的空气，以防霉菌繁殖导致青贮饲料变坏。

3. 裹包材料　据研究，采用两层拉伸膜裹包青贮的饲料在一周后霉菌就大量繁殖，而裹包4层以上的苜蓿青贮饲料几乎无发霉的现象。另外，拉伸膜的颜色也影响裹包青贮饲料的质量，采用黑色拉伸膜裹包青贮的温度比白色拉伸膜裹包青贮高 10℃，pH 也高于白色拉伸膜裹包青贮饲料，故青贮稳定性以白色拉伸膜较佳。

4. 添加剂　在裹包青贮过程中，对于难以青贮、碳水化合物或水分含量低的原料，可在青贮的原料中添加有机酸、乳酸菌剂和酶制剂等添加剂来提高青贮饲料的营养价值和品质。

Q32：特种青贮有哪些方法？

1. 加酸青贮法　在用难青贮的原料制作青贮料时，加入一定量的无机酸或缓冲液，抑制腐败细菌和霉菌的活动，使发酵正常，达到长期保存的目的。常用的无机酸有甲酸、乙酸、丙酸、乳酸、苯甲酸、丙烯酸、柠檬酸等。如添加甲酸，每 100 kg 禾本科青贮料中添加 0.3 kg，豆科青贮料中添加 0.5 kg，如添加苯甲酸，先用乙醇溶解后，每 100 kg 原料中添加 0.3 kg；如添加丙酸，每 100 kg 原料添加 0.5 ～ 1.0 kg，但要防止溅到皮肤上。

2. 添加甲醛青贮法　甲醛可抑制微生物的繁殖，并可与蛋白质分子结合形成甲醛合氮，增加结合蛋白质的能力，减弱瘤胃微生物对蛋白质的降解。一般每 100 kg 青贮原料中添加浓度为 85% 的甲醛 0.3 ～ 0.7 kg。

3. 添加食盐青贮法　青贮料中添加食盐有利于促进乳酸菌发酵，增加适口性，尤其是在青贮原料含水量低、质地粗硬的情况下，添加食盐贮存的效果很好，其添加量一般为 0.2% ～ 0.5%。

4. 添加氨化物青贮法　可在青贮原料中添加尿素、硫酸氨等氨化物，通过微生物的作用合成菌体蛋白，从而提高青贮饲料的营养价值。添加量为每 100 kg 青贮原料中添加 0.5 kg 的尿素。添加方法是：在装填原料时，将尿素制成水溶液，均匀喷洒在原料上。

5. 添加酶制剂青贮法　添加淀粉酶、纤维素酶、糊精酶等复合酶制剂，可将饲料中的多糖水解为单糖，促进乳酸发酵，添加量通常为 0.01% ～ 0.25%。

Q33：常用的调制颗粒料有哪些？

1. 补饲型秸秆颗粒料　以秸秆为主要原料，配合部分精料（约为 18%），再添加尿素、矿物质等加工调制成秸秆颗粒精料，用于补饲羊只。生产实践证明，补饲秸秆颗粒料的羊只，其膘情、羊毛长度、产毛量和泌乳量均有明显改善，经济效益明显提高。

2. 非蛋白氮盐砖　是采用蛋白质补充料、尿素（或其他非蛋白氮）、矿物质和微量元素等为基本原料，经专用机械压制而成的块状饲料。主要是供放牧羊舔食之用，该技术在广大牧区和山区应用较多。

Q34：给羊饲喂颗粒饲料应注意哪些问题？

（1）改变饲粮（日粮）时，例如由粉料改为颗粒饲料时应遵循逐渐过渡（5 ～ 7 d）的原则，因为从一种日粮改变为另一种日粮，瘤胃微生物菌群也随之变化，而这种变化进程缓慢。如果日粮转变过急或过大，会引起消化失调。

（2）颗粒饲料含水量低（约 6%），要保证羊只充足的饮水，午后适当喂些青干草（按每只 0.25 kg）以利于反刍。

（3）雨天不宜在敞圈饲喂，避免颗粒饲料遇水膨胀变碎，影响采食量和饲料利用率。

（4）人工投料时每天投料两次，日饲喂量以饲槽内基本无剩余饲料为宜。

Q35: 颗粒化秸秆混合料的优点有哪些?

根据羊营养需要量,将粉碎的秸秆与精料、干草混合制成颗粒,便于机械化饲养,减少饲料浪费。同时制粒会影响羊对日粮成分的消化行为。用颗粒化秸秆混合料喂育肥羊比用同种散混料增重提高 20% ～ 25%。用颗粒饲料喂羊,能提高采食量,促进生长发育,提高增重速度和产毛量。一般绵羊对颗粒饲料的采食率为 90% ～ 100%,而对散料的采食率仅为 70% 左右;饲喂颗粒料绵羊的剪毛量可增加 0.9 kg/ 只。用颗粒饲料饲喂育肥羊和妊娠母羊,均可获得较好的饲养效果,如育肥羊平均日增重(ADG)可达 115 g/ 只。在我国北方地区,成型饲料主要作为春、夏季节补饲之用,以补充放牧羊群对蛋白质、矿物质和其他微量成分的需要。

Q36: 秸秆微贮饲料有什么特点?

1.成本低,效益高 每吨秸秆制成微贮饲料只需用 500 g 秸秆发酵活干菌,而每吨秸秆氨化则需用 30 ～ 50 kg 尿素。微贮饲料的成本仅为尿素氨化饲料的 20%。在同等饲养条件下,秸秆微贮饲料对牛羊的饲喂效果优于或相当于秸秆氨化饲料。另外,使用秸秆发酵菌剂可解决畜牧业与农业争化肥的问题。

2.消化率高 秸秆微贮过程中,在高效复合菌的作用下,木质纤维素类物质被大幅度降解,转化为乳酸和挥发性脂肪酸(VFA),加之所含的酶和其他生物活性物质的作用,提高了牛、羊瘤胃微生物区系的纤维素酶和脂肪分解酶的活性,故提高了秸秆饲料的消化率和营养价值。

3.适口性好,采食量高 秸秆经微贮处理,由于发酵过程中高效活性菌种的作用，使粗硬秸秆变得柔软，并具有酸香味，刺激了家畜的食欲，从而提高了采食量。一般采食速度可提高40%～43%，采食量可增加20%～40%。

4.秸秆来源广泛 麦秸、稻草、黄玉米秸、马铃薯秧、甘薯秧、青玉米秸等，无论是干秸秆还是青秸秆都可用秸秆发酵活干菌制成优质微贮饲料。

5.制作季节长 秸秆微贮饲料制作季节长，不与农业争劳力，不误农时。加之无论是青的还是干的秸秆都能发酵。因此，在我国北方地区除冬季外，春、夏、秋3季都可制作秸秆微贮饲料，南方部分地区全年都可制作秸秆微贮饲料。

6.保存期长 秸秆发酵活干菌在秸秆中生长迅速，成酸作用强。由于挥发性脂肪酸中丙酸与醋酸未离解分子的强力抑菌杀菌作用，微贮饲料不易发霉腐败，从而能长期保存。

7.制作简便 秸秆微贮饲料制作技术简便，与传统的饲料青贮相比，更易学易懂，容易普及推广。

Q37: 秸秆微贮的方法与步骤是什么？

1.秸秆微贮的方法

（1）水泥池微贮法。将农作物秸秆切短切碎，按比例喷洒菌液后装入池内，分层压实、封口。这种方法的优点是池内不易漏气进水，密封性好，经久耐用。

（2）土窖微贮法。选择地势高、土质硬、向阳干燥、排水容易、地下水位低、离畜舍近、取用方便的地方，根据贮量挖2～3 m深的长方形窖，在窖的底部和周围铺一层塑料薄膜，将秸秆放入池内，分层喷洒菌液，压实，上面盖上塑料薄膜后覆土密封。这种方法的优点是贮量大，成本低，方法简单。

（3）塑料袋窖内微贮法。此法首先是按土窖微贮法选好地点，挖一圆形窖，秸秆喷洒菌液后装满塑料袋，塑料袋放入窖内，压实后将塑料袋口扎紧覆土。这种方法的优点是不易漏气进水，每袋适于处理 100 ～ 200 kg 秸秆。

（4）大型窖微贮法。奶牛场大型窖可采用机械化作业方式提高生产效率，压实机械可使用轮式拖拉机或履带式拖拉机。喷洒菌液用的潜水泵规格选用扬程 20 ～ 30 m，流量每分钟 30 ～ 50 L 为宜。

2. 秸秆微贮的具体操作步骤

（1）菌种的复活。秸秆发酵活干菌每袋 3 g，可处理麦秸、稻草、玉米干秸秆 1 t 或青秸秆 2 t。在处理秸秆前，先将菌剂倒入 200 mL 水中充分溶解（大型奶牛场可使用洗奶桶的水，这样可以提高菌种的复活率，保证微贮饲料的质量；也可加入 2 g 白糖），然后在常温下放置 1 ～ 2 小时，使菌种复活。复活好的菌剂一定要当天用完，不可隔夜使用。

（2）菌液的配制。将复活好的菌剂倒入充分溶解的 0.8% ～ 1.0% 食盐水中拌匀。食盐、水、菌种用量的计算方法见表 4。

表 4　秸秆微贮时菌种、食盐和水的用量

秸秆种类	秸秆重量（kg）	干菌（g）	食盐用量（kg）	自来水用量（L）	贮料含水量（%）
稻麦秸秆	1 000	3.0	9 ～ 12	1 200 ～ 1 400	60 ～ 70
黄玉米秸秆	1 000	3.0	6 ～ 8	800 ～ 1 000	60 ～ 70
青玉米秸秆	1 000	1.5	—	适量	60 ～ 70

（3）秸秆的准备（切碎）。用于微贮的秸秆一定要用铡刀切短，养羊用 3 ～ 5 cm，养牛用 5 ～ 8 cm。这样易于压实和提高微贮窖

的利用率。

（4）微贮设施的准备。微贮可用水泥池、土窖，也可用塑料袋。水泥池是用水泥、黄沙、砖为原料在地下砌成的长方形池子，最好砌成两个大小相同的，以便交替使用。这种池子的优点是不易漏气进水，密封性好，经久耐用，成功率高。土窖的优点是成本低，方法简单，贮量大，但要选择地势高、土质硬、向阳干燥、排水容易、地下水位低的地方。在地下水位高的地方不宜采用。水泥池和土窖的大小根据需要量设计建造。深度以 2 m，宽 1.2 m，长 3.5 m 为宜。微贮前两天清扫窖池及周边，土窖底铺塑料薄膜。

（5）喷洒菌液与秸秆装窖。将切短的秸秆铺在窖底，厚 20 ～ 25 cm，均匀喷洒菌液，压实后，再铺 20 ～ 25 cm 秸秆，再喷洒菌液，压实，直至高于窖口 40 cm 再封口。分层压实的目的是迅速排出秸秆空隙中存留的空气，给发酵繁殖造成厌氧条件。如果当天装填窖没装满，可盖上塑料薄膜，第二天装窖时揭开塑料薄膜继续装填。微贮后的秸秆含水率要求达到 60% ～ 65%。而用作微贮的秸秆本身含水率很低，需要补充含有菌剂的水。需要配备 1 套由水箱、水泵、水管和喷头组成的喷洒设备。水箱的容积以 1 000 ～ 2 000 L 为宜，水泵最好选潜水电泵，水管选用软管。家庭养牛羊，可用喷壶直接喷洒。青玉米秸因本身含水率较高（一般在 70% 左右），微贮时不需补充过多的水分，只要求将配制好的菌剂水溶液均匀地喷洒在贮料上。可用小型背式或杠杆式喷雾器喷洒。

（6）添加营养物质。在微贮麦秸或稻草时，根据各地具体条件加入 5% 的玉米粉、麸皮和大麦粉。这样做的目的，是在发酵初期为菌种的繁殖提供一定的营养物质，以提高微贮料的质量。加大麦粉或玉米粉、麸皮时，铺 1 层秸秆撒 1 层粉，再喷洒 1 次菌液。

（7）微贮原料水分控制与检查。微贮饲料的含水量是否合适，是决定微贮饲料好坏的重要条件之一。因此在喷洒和压实过程中，要随时检查秸秆的含水量是否合适，各处是否均匀一致，特别要注意层与层之间水分的衔接，不要出现夹干层。含水量的检查方法是抓取秸秆试样用双手扭拧，若有水往下滴，其含水量为 80% 以上；若无水滴、松开后看到手上水分很明显，约为 60%；若手上有水分（反光），为 50% ～ 55%；感到手上潮湿，为 40% ～ 45%；不潮湿，则在 40% 以下。微贮饲料含水量要求在 60% ～ 65% 最为理想。

（8）封窖。当秸秆分层压实到高出窖口 40 cm 后，在最上面一层均匀撒上食盐粉，压实后盖上塑料薄膜。食盐的用量为每平方米250 g，其目的是确保微贮饲料上部不发生霉烂变质。盖上塑料薄膜后，在上面撒 20 ～ 30 cm 厚的秸秆，覆土 15 ～ 20 cm 厚，密封。密封的目的是隔断空气与秸秆的接触，保证微贮窖内呈厌氧状态。

（9）挖好排水沟。秸秆微贮后，窖池内贮料会慢慢下沉，应及时加盖土使之高出地面，并在周围挖好排水沟，以防雨水渗入。

（10）开窖。微贮饲料经过 30 d 发酵后即可取出饲喂。开窖时应从窖的一端开始，先去掉上边覆盖的部分土层、草层，然后揭开薄膜，从上至下垂直逐段取用。每次取完后，要用塑料薄膜将窖口封严，尽量避免与空气接触，以防二次发酵和变质。微贮饲料在饲喂前最好再用高湿度茎秆揉碎机揉搓成细碎状物，以便进一步提高牲畜的消化率。

Q38：如何感官鉴定秸秆微贮饲料的质量？

1. 看 优质微贮青玉米秸色泽呈橄榄绿，稻草、麦秸呈金黄褐色。如果变成褐色和墨绿色则质量低劣。

2. 嗅　优质秸秆微贮饲料具有醇香味和果香气味，并具有弱酸味。若有强酸味，表明醋酸较多，这是由于水分过多和高温发酵造成的；若有腐臭味、发霉味，则不能饲喂，这是由于压实程度不够和密封不严，由有害微生物发酵所造成的。

3. 手感　优质微贮饲料拿到手里感到很松散，且质地柔软湿润。若拿到手里发黏，或者黏在一块，说明贮料开始霉烂；有的虽然松散，但干燥粗硬，也属于不良饲料。

Q39：使用微贮饲料有哪些注意事项？

（1）秸秆微贮饲料一般需在窖内贮21～30 d，才能取喂，冬季则需要时间长些。

（2）取料时要从一角开始，从上到下逐段取用。

（3）每次取出量应以当天能喂完为宜。

（4）每次取料后必须立即将窖口封严，以免雨水浸入引起微贮饲料变质。

（5）每次投喂微贮饲料时，要求槽内清洁，对冬季冻结的微贮饲料应加热化开后再饲喂。

（6）霉变的农作物秸秆，不宜制作微贮饲料。

（7）微贮饲料由于在制作时加入了食盐，这部分食盐应在饲喂家畜的日粮中扣除。

Q40：制作微贮饲料的关键技术要点是什么？

1. 压实　压实是制作成功的重要一环。如果压实不紧，窖内残存的空气不利于秸秆发酵活干菌的生长，反而给霉菌、腐败菌创造了条件，造成霉烂变质等浪费现象。

2. 密封 微贮秸秆如压实不好，上部密封不严容易造成窖上部霉烂变质。解决的方法是：盖上塑料薄膜后，在上面要压上20～30 cm厚的土，以保证空气不能进入窖内。如果取土不便，工作量大，可在微贮秸秆上盖上30 cm左右厚的氨化秸秆，然后盖上塑料薄膜，膜的四周用土埋好，也可以解决上部因密封不严造成的霉烂现象。

3. 微贮窖建造尺寸 应根据计划饲养的牛羊头数决定。一般情况下，制作1窖微贮饲料，可供饲养2～3个月的数量即可，如长年饲养，可多建几个微贮窖交替使用。这样做的目的是避免开窖后，来不及饲喂，时间长了造成局部变质。若1户只养1～2头牛，则建议使用塑料袋微贮。

4. 微贮窖容积与重量计算 每立方米微贮窖可容纳200～300 kg干秸秆，压得越实，装得越多，既提高了微贮窖的利用率，又可保证微贮质量。

Q41：影响氨化秸秆质量的因素有哪些？

1. 环境温度 环境温度越高氨化所需的时间就越短。在温度45℃条件下氨化3～7天就可大大改进秸秆的消化率，而在 –20℃低温下氨化反应就非常慢。一般认为，只有在25℃以上的环境中方可进行氨化处理，也才能有效地提高秸秆的含氮量。据报道，当氨液注入秸秆堆中，温度很快上升，在2～6小时就达到最高峰。温度的上升决定于开始的温度、氨的用量、水分含量和其他因素，但一般变动在40～60℃。

2. 氨化时间 秸秆氨化处理时间的长短决定于环境温度。例如，温度在17～25℃时，处理时间可少于4周；0～4℃时氨化约需 8 周；若采用氨化炉来氨化，炉温可达 85℃，只需氨化 24 小时就可以了。一般氨化时间可按下列温度梯度考虑：环境温度为 0～5℃、5～15℃、15～20℃、20～30℃、85℃时，则氨化处理时间分别为 8 周以上、4～8 周、2～4 周、1～3 周、24 小时。

3. 秸秆含水量 秸秆含水量是决定秸秆氨化效果的另一重要因素。一般认为，用液氨处理秸秆时，秸秆含水量以 30% 为宜。提高秸秆含水量，对改善秸秆消化率有好的作用。在生产实践中，用堆垛法氨化秸秆，其含水量以 20%～25% 为宜；用氨化炉处理秸秆，以 30%～40% 为宜；用尿素或碳铵处理秸秆，以 45% 左右为最合适。

4. 氨的用量 生产实践表明，氨的用量与氨化效果密切相关。将氨的用量从占干秸秆 1% 提高到 2.5%，秸秆消化率明显提高。氨的剂量从 2.5% 提高到 4%，秸秆消化率提高较小。氨的剂量超过 4% 时，消化率提高甚微。因此，一般认为，氨的经济用量以 2.5%～3.5% 为宜。

用液氨、尿素、碳铵或氨水等处理秸秆时，它们的用量可以根据各自的含氮量换算。液氨的含氮量为 82.3%，尿素为 46.67%，碳铵为 15%，氨水的含氮量多为 20%。因为氮转换为氨的系数为 1.21，所以以用不同氨源氨化秸秆，每 100 kg 秸秆（干物质）的用量可用下式换算。

氨化 100 kg 秸秆（干物质），需要液氨 2.5～3.5 L，尿素 4.45～6.22 kg，碳铵 13.77～19.28 kg，氨水（以含氮 20% 为例）10.33～14.46 L。在生产实践中，氨化 100 kg 秸秆（风干），常用液氨 3 L，尿素 4～5 kg，碳铵 8～12 kg，氨水（含氮 20%）11～12 L。

5. 秸秆的类型　一般来说，秸秆经氨化，其营养价值提高的幅度与秸秆原有营养价值的大小呈负相关，即品质差的秸秆，氨化后营养价值提高幅度大；而品质好的秸秆，提高的幅度较小。因此，如果秸秆的消化率达 55% ~ 65%，一般用不着氨化。例如，消化率为 65% ~ 70% 的粗饲料以及幼嫩青干草就不必再氨化了。

6. 压力　如在氨化炉内进行秸秆氨化，容器内的压力也是影响氨化秸秆质量的重要因素。据报道，压力在 98.07 ~ 490.33 kPa 的范围，压力的增加与秸秆消化率的提高呈正相关。因此，将氨化秸秆压制成颗粒，可以提高秸秆的消化率和含氮量。

Q42：如何鉴定氨化秸秆的品质？

氨化秸秆的品质鉴定主要采用感官鉴定法、化学分析法和生物技术法。

1. 感官鉴定法　氨化好的秸秆，质地变软，颜色呈棕黄色或浅褐色，释放余氨后气味烟香。如果秸秆变为白色、灰色、发黏或结块等，说明秸秆已经霉变，不能再喂家畜。发生这样的问题，通常是因为秸秆含水量过高、密封不严或开封后未及时晾晒所致。如果氨化后秸秆的颜色同氨化前基本一样，虽然可以饲喂，但说明没有氨化好。

2. 化学分析法　目前，化学分析法在我国大中型养殖场应用较广。方法是通过分析秸秆氨化前后各项主要指标（如干物质消化率、粗蛋白质含量等），判定秸秆质量的改进幅度。据报道，利用奶牛场空闲青贮窖氨化秸秆，液氨剂量为秸秆重的 3%。氨化秸秆的主要指标与羊草对比情况见表 5。氨化后的麦秸、稻草和玉米秸的粗蛋白质含量分别提高 5.44%、3.98% 和 5.02%；消化率分别提高 10.28%、24% 和 18%。氨化小麦秸和氨化玉米秸的消化率已接近或超过羊草的消化率。

表5　秸秆氨化前后与羊草的主要营养指标　　　　（%）

品种	干物质	粗蛋白质	粗纤维	干物质消化率
羊草	90	5.88	32.00	52.00
冬小麦秸	90	2.20	41.00	39.72
氨化小麦秸	90	7.64	39.00	50.00
稻草	93	3.86	33.10	24.00
氨化稻草	90	7.84	32.48	48.00
玉米秸	90	3.70	30.50	42.00
氨化玉米秸	90	8.72	30.5	60.00

3. 生物技术法　　近年来，生物技术法，尤其是利用反刍家畜瘤胃瘘管尼龙袋技术测定秸秆消化率的方法，不仅在科研单位得以应用，也被我国一些生产单位所采用。

Q43: 氨化秸秆有什么优点?

（1）氢氧化钠处理秸秆后饲喂可使家畜饮水量增大，排尿量增多，尿中钠离子数量增加，施肥后有利于土壤碱化。

（2）氨化处理可使秸秆有机物消化率提高 10 ~ 12 个百分点；粗蛋白质含量由 3% ~ 4% 提高到 8% 以上。

（3）氨化后的秸秆，其能量增加量接近氢氧化钠处理的秸秆。

（4）氨处理后的秸秆适口性改善，牛的采食量增加；在采食时间上，比未经处理的秸秆大幅缩短。

（5）成本低，效益高；方法简便，易于操作。

（6）氨可防止饲料霉变，也能很好地保存水分多的粗饲料。

Q44：秸秆氨化的原理是什么？

氨化可以提高秸秆的适口性、消化率和营养价值，原因是氨化对秸秆起到碱化、氨化和中和作用。

1. 碱化作用　氨溶于水，与水结合生成氢氧化铵。氢氧化铵是碱性溶液，可使木质素与纤维素、半纤维素分离，并使纤维素、半纤维素部分分解，细胞膨胀，结构疏松。饲喂后牛羊瘤胃中的微生物直接与之接触，纤维素酶将其分解，使其成为可利用的物质。同时，少量木质素被溶解后形成羟基木质素，提高了消化率。

2. 氨化作用　氨与秸秆中的有机物质发生化学变化，成为铵盐。铵盐是一种非蛋白氮化合物，是瘤胃微生物主要的氮素来源，在瘤胃中脲酶的作用下，铵盐被分解为氨，同瘤胃中的有机酸一起合成氨基酸，再进一步合成菌体蛋白。每千克秸秆可形成 40 g 铵盐，在瘤胃中形成等量的菌体蛋白。铵盐可以替代反刍家畜蛋白质需要量的 25% ～ 50%。

3. 中和作用　氨与秸秆中的有机酸结合，消除了醋酸根离子，中和了秸秆中的潜在酸度。中和后的瘤胃液呈中性，pH 为 7.0 左右，使瘤胃微生物更加活跃，可提高消化率。

Q45：秸秆氨化的主要方法有哪些？

1. 堆垛氨化法　该法是将切碎的秸秆堆成垛、用聚乙烯薄膜密封、注入氨化剂（氨源）进行秸秆氨化处理的一种方法。

（1）秸秆打垛。秸秆打垛有两种形式，一种是草捆垛，另一种是散草垛。草捆垛整齐，易于堆放，便于机械化操作，节省塑料薄膜，不漏气，可以根据草捆数计算秸秆重量；缺点是密度大，水不易喷匀。散草垛打不高，必须将塑料薄膜包好，以防漏气。捆草垛使用较为普遍，一般按 4.5 m×4.5 m×2.0 m（长 × 宽 × 高）的规格制作，垛顶做成屋脊形以防雨水渗漏。顶上覆压旧轮胎后用绳索固定，防止风刮。操作时，为便于插入注氨钢管，可事先在打垛时放一木杠，通氨时取出木杠，从空隙中放入钢管。

（2）堆垛氨化操作步骤。在干燥平整的地上把 0.1 ～ 0.2 mm 厚的无毒聚乙烯塑料薄膜铺开，在切碎的秸秆（小麦秸、玉米秸或稻草秸）中均匀加水，将水分含量调节至 20% 左右后混匀，在铺好的塑料膜上打垛，垛高可到 2 m，垛宽 2 ～ 3 m，其长度视秸秆总量而定。需要注意的是，玉米秸氨化时，因难以加水搅拌，经过 1 ～ 2 天来不及氨化秸秆就会发热霉变，因此垛不宜太大。为了便于通氨，在垛的中间可事先埋置 1 根多孔的硬塑料管或胶管。垛下铺垫的和垛上覆盖的塑料薄膜在每边留出 0.5 ～ 1.0 m，以便把两面的塑料膜折叠好，用泥土压紧、封住，不使漏气。最后将硬塑料管与液氨罐接通，按秸秆重量的 30% 通氨。通氨时一定要遵守操作规程，保证安全，氨用量可通过称量液氨罐求得，或用流量计计算。

（3）堆垛氨化注意事项。

① 液氨和液氨钢瓶的安全操作。

第一，操作人员要熟悉液氨的性质及钢瓶的构造与使用方法，为了防护与简单治疗，工作地点必须准备防毒面具、风镜、防护靴、雨衣、雨裤、橡胶手套、湿毛巾，大量清水、硼酸、食醋等材料。氨化秸秆时液氨钢瓶应卧放，使两个瓶阀的连线垂直于地面，上面的瓶阀为气相阀，下面的阀为液相阀，液氨从下面的阀排出。

操作时必须有 2 人在场，穿戴衣靴手套，1 人操作，1 人监护。开启钢瓶阀小心缓慢操作，人站立在侧面，用手轮开启，输氨软管必须完好没有折压，也不漏气，各个接头必须紧密连接，不能脱落。钢瓶禁止敲击、碰撞、火烤，也不可靠近热源或明火。钢瓶使用的温度范围为 –40 ～ 60℃，夏季要防止阳光暴晒。

第二，钢瓶要及时检验和保养。除钢瓶外，压力表、安全阀、耐压胶管等也必须定期检验，及时更新。

第三，液氨的充装与运输要安全。充装液氨必须根据规定的压力和数量办理。钢瓶的各部件要反复检查，看是否牢固。

第四，氨化地点应选择在离住房和畜舍 30 m 以外的下风区域。

② 塑料薄膜的选用。要求用无毒、抗老化和气密性好的薄膜来做草垛的垫底和覆盖，通常用聚乙烯薄膜，膜的厚度、宽度和颜色视具体情况而定。如氨化粗硬的玉米秸，应选择较厚的薄膜（0.12 mm 左右），如氨化麦秸则可选用薄些的膜。膜的宽度主要取决于垛的大小和市场供应情况。膜的颜色，如在露天使用，以抗老化的黑色膜为好，便于吸收阳光和热量，有利于缩短氨化时间；如果在室内使用，则选择浅颜色的膜。所需膜的多少，可根据垛的大小计算。在生产实践中，所用薄膜的尺寸，一般下铺（底膜）为 6 m×6 m，上盖为 10 m×10 m。

③ 注氨量的确定。

首先，要计算出秸秆垛的重量，为此先要测出秸秆垛的密度。一般，未切碎的秸秆（风干基础）平均密度为：新麦秸垛 55 kg/m³，旧麦秸垛 79 kg/m³，新玉米秸垛 79 kg/m³，旧玉米秸垛 99 kg/m³。

其次，参考上述秸秆垛的平均密度再乘以秸秆垛的体积，即为该秸秆垛的重量。

最后，根据秸秆垛的重量，计算出某一秸秆垛应注入的氨量。

例如，某一新麦秸垛（密度为 55 kg/m³）的长、宽、高分别为 4.6 m、4.6 m、2.1 m，注入相当于秸秆干物质重量 3% 的液氨进行氨化，则该麦秸垛需液氨量为 4.6×4.6×2.1×55×3%=73.32（L）。

④注氨方式。常用的注氨方式有两种：一种是用氨槽车从化肥厂灌氨后直接开到现场氨化；另一种是将氨槽车中的氨分装于氨瓶（200 L 或 400 L 等）后，再向秸秆中施氨。施氨的量可用精确的液氨流量表计，也可以测量注入的时间来估算注入液氨的数量，还可以用称量氨罐的方法施氨，但以上三种方法均存在困难或弊端。

⑤"一垛一瓶"的建议。针对注氨计量方面存在的问题，可采用"一垛一瓶"的建议。其理由：一是便于计量，如果采用标准的秸秆垛，以及与之配套的氨瓶，注氨时只需打开氨瓶就行，放完为止；二是小氨瓶比较容易搬运，一部带拖斗的小型拖拉机可以拉几个氨瓶，甚至可以用自行车携带，在道路条件较差的农村是一个很大的优点；三是采用小氨瓶方法，使得农民可以先买好了液氨，需要时随时可用，采用这一方法，选择瓶子的大小是非常重要的。以注氨量的 3% 而言，500 kg、1 000 kg 和 2 000 kg 的秸秆垛，相应地使用 15 L、30 L、60 L 的氨瓶，"1 瓶 1 垛"，放完为止，施氨量正好相当于秸秆的 3%。对于大垛（其重量应为标准块的整倍数）可用两瓶或多瓶。

2. 窖（池）氨化法 是我国目前推广应用最为普遍的一种秸秆氨化方法。其优点在于：一是可以一池多用，既可用来氨化秸秆，也可用来青贮，还可以长年使用和多年使用；二是好管理，避免了老鼠啃坏薄膜等缺点；三是用水泥制成的窖（池）进行秸秆氨化，可以节省塑料膜的用量，降低成本；四是容易测定秸秆的重量，便于确定氨源（如尿素）的用量。

窖的大小根据饲养家畜的种类和数量而定。首先，应该知道每立方米的窖能装多少秸秆（风干），每头牲畜1年需要多少氨化秸秆以及氨化几次等。一般情况下，每立方米的窖可装切碎的风干秸秆（麦秸、稻草、玉米秸）150 kg左右。牛的每百千克体重日采食秸秆是牛体重的2%～3%。例如，1头200 kg的架子牛，日采食秸秆在4～6 kg（不含浪费的秸秆），则年需氨化秸秆1.5～2 t。如用窖（池）氨化法制作青贮饲料，每立方米可制作650 kg（秸秆干物质25%）左右。知道这些数据以后，再根据实际情况（每年氨化次数、养畜多少等）设计窖的大小。窖的形式多种多样，可建在地上，也可建在地下，还可一半地上一半地下。建窖以长方形为好，如在窖的中间砌一隔墙，即成双联池则更好。双联池的优点是可轮换处理秸秆。若用此窖青贮，还可减轻取用青贮喂畜过程中二次发酵。

例如，建造1个2 m³砖结构的氨化池，需砖500块，水泥1袋，沙子1架子车，合计300元左右，建造1个4 m³的双联池约600元，一般农民均可负担。1个2 m³的池子（窖）可装麦秸300 kg，双联池可以交替使用，氨化1池可供2头架子牛吃1个月。如制作青贮饲料，1池可贮1 000 kg。

操作方法：先将秸秆切至2 cm左右。一般的原则是：粗硬的秸秆（如玉米秸）切得短些，较柔软的秸秆可稍长些。每100 kg秸秆（干物质）用5 kg尿素（碳铵）、40～60 L水。把尿素（碳铵）溶于水中搅拌，待完全溶解后分多次均匀地洒在秸秆上，入窖前后喷洒均可。如果在入窖前将秸秆摊开喷洒则更为均匀。边装窖边踩实，待装满踩实后用塑料薄膜覆盖密封，再用细土等压好即可。尿素氨化所需时间大体同液氨氨化或稍长。

用尿素作氨源，要考虑尿素分解为氨的速度。这与环境温度、秸秆含脲酶多少有关。温度越高，尿素分解为氨的速度越快，因此宜在温暖的地区或季节采用。如温度低，尿素分解慢，在氨化过程中最好加些脲酶丰富的饲料，如大豆粉等。

用尿素或碳铵处理秸秆，要准确算出一定重量的秸秆所需用的尿素或碳铵的量。一般来说，不同季节和不同温度下，同一秸秆所需用的尿素（碳铵）量不同。表6列出的数据可供参考。

表6 不同温度下秸秆氨化所需尿素（碳铵）用量　　　（kg）

项目	不同温度下百千克秸秆（DM）用量		百千克秸秆加水量（L）
	5 ~ 10℃	20 ~ 27℃	
尿素	6	5.5	60
碳铵	13	12.0	60

3. 氨化炉法　氨化炉是一种密闭的粗饲料氨化设备，可将秸秆等粗饲料进行快速氨化处理。目前，常用的氨化炉有金属箱式氨化炉、土建式氨化炉和拼装式氨化炉三种。氨化炉由炉体、加热装置、空气循环系统和秸秆车等组成。炉体要求保温、密封和耐酸碱腐蚀。加热装置可用电加热，也可用煤做燃料通过蒸汽加热。要求草车便于装卸运输和加热，以带铁轮的金属网车为好。

操作方法：将秸秆切细打捆后置于草车中，用相当于干秸秆重8% ～ 12%的碳铵或5%的尿素溶液均匀洒到秸秆上，将秸秆的含水量调整到45%左右。草车装满后，推进炉内，关上炉门后加热。将炉温控制在95℃左右加热14 ～ 15小时，再闷炉5 ～ 6小时。

打开炉门从草车中取出秸秆，自由通风，放掉余氨即可饲喂家畜。

用氨化炉法制取氨化秸秆，可缩短氨化时间，氨化效果好，不受季节限制。缺点是成本较高，推广应用比较困难。

Q46：氨化秸秆加工方法有哪些？

1. 氨化秸秆数量的确定　在秸秆进行氨化处理前，首先得确定好羊场本年度需要氨化秸秆的数量。氨化秸秆的数量应根据各种羊只的日粮标准、羊只的数量、青饲料的生产与供应以及饲料加工配合等因素综合考虑。

2. 秸秆原料的选用　农作物收获脱粒后所剩余的茎叶粗纤维和木质素含量高，可消化蛋白质含量非常低，可用于氨化处理。可用于氨化处理的农作物秸秆有玉米秸、小麦秸、大麦秸、燕麦秸、高粱秸、甘蔗叶以及稻草秸等。一般地，根据当地农作物秸秆资源丰富程度，氨化原料选用那些营养价值较高的农作物秸秆，如玉米秸、高粱秸等。

3. 氨源的选用　根据几种常用氨源特点，选用合适的氨源进行氨化秸秆处理。液氨（无水氨），常压下为气体，含氨量 9.8%，用耐高压的专制氨瓶或氨罐装运；氨水，为液体，含氨量 13% 左右，无毒无杂质，一般用橡皮罐、陶瓷罐或塑料罐等容器密闭装运；尿素、碳铵，均为白色粉粒状的固体，含氮量分别为 46.47% 和16.17%，易潮解挥发，需用双层塑料袋贮运，置阴凉干燥处存放。

4. 处理方法　秸秆氨化处理方法可以采用堆垛氨化法、窖（池）氨化法、塑料袋氨化法或氨化炉氨化法等其中的一种或多种，其关键技术要点就是要把秸秆压实，控制好氨的用量。至于采取何种氨化处理方法，要因地制宜，根据羊场自身条件选用。

（1）计量。同碱化处理法，应采用重量法称重计量。

（2）氨化反应。由于氨化处理时间较长，需采用氨化反应罐（或氨化反应池）进行分批次处理。先将秸秆打捆计量后装入反应罐（池），通入氨气，保持反应温度在90℃左右，处理反应12～16小时。反应结束后，再循环回收未参加反应的多余氨气，使氨的实际消耗只达到2%。每批秸秆的处理时间共需24小时，一个反应罐的装料量为4～5 t。

（3）粉碎。氨化处理好的秸秆需切碎成1～3 cm长的碎段，以便后道工序处理。

5. 氨化时间　氨化时间受不同处理方法、环境温度、秸秆品种等因素的影响。如温度在0℃及以下，氨化时间在4周及以上；如温度达17℃时，处理时间约4周；如采用氨化炉来氨化，炉温可达85℃，只需氨化24小时就可以了。

Q47: 氨化秸秆饲喂需要注意什么？

1. 开封使用　氨化饲料达到规定时间后，即可开封取用。应先从一边开口，禁止全部打开。每次取1～2日喂量即可，并随取随盖，防止氨的挥发，降低饲料含氨量。刚取出的氨化饲料，应摊开在通风、干净的水泥或砖铺地面上，放氨4小时左右，待无刺鼻氨味时，方可饲喂。

2. 循序渐进饲喂　刚开始饲喂氨化秸秆饲料时，羊有一段不适应的过程，羊大都不习惯采食。这是因为氨化秸秆饲料或多或少残留一些氨味。羊由不习惯到正常采食，需要有一个逐渐适应的过程，这个适应过程称为驯饲。一般在饲喂氨化秸秆的第一天，将1/3的氨化秸秆与2/3的未氨化秸秆混合饲喂，逐渐增加饲喂量，氨化秸秆的饲喂量一般可占羊日粮的 70% ～ 80%。同时，要注意做到少喂、勤添、由少而多，逐渐加大喂量到自由采食，但最大饲喂量不得超过日饲草总量的 40% ～ 70%。驯饲时间一般为 10 天左右。

Q48：氨化秸秆饲喂羊有哪些实用技术？

1. 氨化秸秆喂羊的日粮类型　使用氨化秸秆喂羊，要注意日粮营养平衡，保证羊只采食量，每只每天补充配合饲料，才能获得较好育肥效果。氨化秸秆自由采食，每只每日补以青干草 1 ～ 2 kg，另根据生产需要添加少量精料。如产奶母羊每日需另补加精料 0.5 kg，精料可由 40% 的谷物籽实（如玉米）、30% 的麸皮和 30% 的饼粕类组成。

2. 青年羊的喂养　在日常饲养条件下，采用氨化秸秆喂羊，若有优良的豆科牧草，其精料粗蛋白质以 12% ～ 13% 为宜；若干草品质一般，日粮精料的粗蛋白质应提高到 16%，一般每日精料喂量 300 g 左右。例如，1 只体重为 30 ～ 40 kg 的青年羊，可喂氨化秸秆（或优质青干草）3 kg，混合精料 300 g。

3. 妊娠期母羊的喂养　妊娠前期母羊对粗饲料消化能力较强，可以用部分氨化秸秆代替干草来饲喂，还应考虑补饲精料补充料和青饲料。日粮可由 50% 青绿草或青干草、40% 氨化秸秆饲料、10% 精料组成。妊娠后期母羊体内胎儿生长较快，需要营养量较大，应减少氨化秸秆的喂量。精料补充料可由玉米、豆粕等组成。

4. 泌乳期母羊的喂养　饲养泌乳期母羊，尤其是泌乳后期母羊，应以青绿多汁饲料为主（2/3），青干草或氨化秸秆为辅（1/3），并补以混合精料。如青干草占 20%，氨化秸秆占 45%，混合精料占 35%。混合精料可以由玉米、麦麸以及饼粕类等组成。另外，泌乳母羊在不同季节，其日粮配合也应有所不同，夏秋季喂优质青干草 7 kg，玉米粉 0.3 kg，少喂氨化秸秆饲料；冬春季喂干花生藤 1 kg，混合精料 0.5 kg，增加氨化秸秆类饲料。

Q49：为了避免羊发生余氨中毒，可采取哪些预防措施？

1. 氨化秸秆饲料饲喂前一定要放净余氨　由于秸秆在氨化处理过程中，仅有 30% ～ 40% 的氨与秸秆相结合，其余的氨则以游离状态存在（即余氨），加之氨具有强烈的刺激气味，所以，氨化好的秸秆饲料需要提前从氨化池或窖中取出，置于阴凉、通风的地方，将其中的余氨放净。

2. 饲喂氨化秸秆饲料时要搭配其他饲料　氨化秸秆饲料是一种可以间接被利用的蛋白质饲料。由于氨化秸秆饲料是依靠瘤胃内有益菌来合成菌体蛋白，从而起到代替部分蛋白质饲料的作用，所以，搭配饲料中不得含有对瘤胃有益菌有杀灭作用的添加剂或药物，否则就失去了饲喂氨化秸秆饲料的意义。

3. 饲喂氨化秸秆饲料后不可马上饮水　由于氨极易溶于水，在常温常压下，1 体积的水可溶解约 700 倍体积的氨，氨水不仅对瘤胃具有一定的腐蚀性，而且大量的氨被吸收后即进入血液，导致血液中氨浓度迅速升高，引起氨中毒。所以，羊在采食氨化秸秆饲料后，千万不可立即饮水，一般间隔 1 小时后再饮水。

4. 饲喂氨化秸秆饲料时要防止发生氨中毒　在不慎采食了有余氨的氨化秸秆饲料、氨化秸秆饲料一次性食入量太大或采食后立即喝水等情况下，都可导致家羊瘤胃内氨释放量过多，很容易引起氨中毒。

Q50: 秸秆育肥成年羊推荐精料配方有哪些?

根据实际生产中的饲养效果,推荐的成年羊育肥精料配方如下(表7~表10)。

表7 绵羊育肥羊精料配方1 (%)

原料名称	配比	营养成分	含量
玉米	56	干物质	86.95
小麦麸	20	粗蛋白质	15.86
棉籽粕	15	粗脂肪	3.00
大豆粕	5	粗纤维	4.45
石粉	1.5	钙	0.73
食盐	1	磷	0.60
预混料	1	食盐	0.98
磷酸氢钙	0.5	消化能(MJ/kg)	12.96
合计	100		

表8 绵羊育肥羊精料配方2 (%)

原料名称	配比	营养成分	含量
玉米	60	干物质	86.91
小麦麸	16	粗蛋白质	15.10
亚麻仁粕	15	粗脂肪	3.15
大豆粕	5	粗纤维	3.87
石粉	1.5	钙	0.75
食盐	1	磷	0.57
预混料	1	食盐	0.98

续表

原料名称	配比	营养成分	含量
磷酸氢钙	0.5	消化能（MJ/kg）	13.05
合计	100		

表 9　绵羊育肥羊精料配方 3　　　　　　　　　（％）

原料名称	配比	营养成分	含量
玉米	60	干物质	87.27
小麦麸	18	粗蛋白质	15.60
棉籽粕	7.5	粗脂肪	3.35
大豆饼	5	粗纤维	3.88
花生饼	5	钙	0.82
石粉	1.5	磷	0.62
食盐	1	食盐	1.03
预混料	1	消化能（MJ/kg）	13.13
磷酸氢钙	1		
合计	100		

表 10　绵羊育肥羊精料配方 4　　　　　　　　（％）

原料名称	配比	营养成分	含量
玉米	56.5	干物质	87.74
小麦麸	20	粗蛋白质	15.90
芝麻饼	20	粗脂肪	4.87
石粉	1	粗纤维	4.12
食盐	1	钙	0.95
预混料	1	磷	0.66
磷酸氢钙	0.5	食盐	0.98
合计	100	消化能（MJ/kg）	13.36

Q51: 秸秆喂羊效果及操作要领有哪些?

利用秸秆饲料进行成年羊育肥是养羊生产中一项成熟而实用的技术,具有良好的饲喂效果和经济效益。但要科学利用好秸秆,除了做好秸秆的技术处理外,还必须注意以下几点:一是用秸秆养羊,要在日粮中添加一定量精料;二是秸秆中要加入非蛋白氮(NPN),如加尿素3%～5%,可明显提高秸秆消化率;三是要注意添加一些必需的无机盐和维生素,从而达到日粮营养平衡,促进其生产性能的发挥(表11)。

表 11　秸秆育肥成年羊的操作要领

饲养阶段	技术要领	操作要点
适应期	熟悉环境及日粮	待育肥的羊由放牧转入舍饲,起初要有一个过渡阶段,任务是熟悉环境及日粮。日粮以秸秆为主,精粗比以30∶70为宜
过渡期	逐渐增加精料比例	随着体力的恢复,逐步增加精料,精粗比为40∶60。注意防止羊只因精料增加出现腹胀、拉稀、酸中毒等病症
催肥期	饲喂方法	将饲草与精料加水拌匀,加水量以羊感到不呛为原则。方法是上午喂秸秆,下午喂秸秆和精料的混合料
	精料组成	精料分别由玉米59%、米糠32%、酵母8%,营养舔砖1%组成,添加剂按说明添加
	饲养程序	每天饲喂两次,分别为7时和17时。具体时间安排为:9:00—11:30调制饲料、清扫圈舍。中午13:00时饮水;14:30—16:30将秸秆与精料混搅均匀,堆起来自然发酵,待第二天使用;21:00检查羊只休息状况,发现病羊立即采取治疗措施

饲养阶段	技术要领	操作要点
日常管理	防疫驱虫	对新购入的羊一律注射羊猝疽、羊快疫、羊肠毒血症三联苗，每只羊 5 mL 肌内注射。同时口服"打虫星"等驱虫药物驱除体内寄生虫。驱虫时不要将羊头抬得太高，以防呛肺引起异物性肺炎
	补饲舔砖	将营养舔砖放在饲槽内，让羊自由舔食
	管理制度	实行"三定三勤两慢一照顾"，即定时定量定圈；勤添、勤拌、勤检查；饮水要慢，出入圈门慢，对个别病羊及膘情特别差者予以照顾

Q52：秸秆饲料养羊的配套措施是什么？

1. 环境控制 北方地区冬春季节寒冷，持续时间长，要注意羊的保暖，应建造坐北朝南、四面拦墙、后部搭顶、前部覆盖塑膜的圈舍。在南方和北方夏季，气温高，要注意降温防暑，可采取搭棚、种树绿化方法解决。羊膻味大，圈舍应通风，但要避免穿堂风。进风口和出风口要错开位置。羊喜干忌潮，要注意排水防潮。

2. 饲养管理 秸秆营养物质有限，不能单一使用，和其他饲料配合使用才能收到较好的效果。搭配玉米、高粱、稻谷和饼类等精料，可补充能量和蛋白质的不足；添加青绿饲料，以补充维生素和微量元素；使用矿物添加剂，并补充维生素和微量元素，以适应羊生长发育的需要；添喂食盐，以满足羊对钠的需要。羊食用秸秆后，应供给充足、清洁的饮水。

3. 疫病防治 舍内墙壁、地面用 1% ～ 2% 的敌百虫溶液喷雾消毒，杀灭蜱、虱、螨等。每 2 ～ 3 个月进行 1 次。在羊体外寄生虫活跃的夏秋季节，每 10 天喷雾 1 次。采用药浴防治疥癣，在剪毛后 10 天左右让羊药浴；育肥羊在育肥前，再进行 1 次。药浴可用 0.5% 敌百虫水溶液。可用敌百虫、硫双二氯酚和左旋咪唑内服防治肝片吸虫、绦虫和线虫病。

Q53：反刍动物利用 NPN 的原理是什么？

反刍动物的瘤胃中生活着大量细菌、原虫和真菌。瘤胃细菌可以产生脲酶，将尿素分解为 CO_2 和 NH_3，瘤胃细菌发酵碳水化合物产生挥发性脂肪酸和酮酸。瘤胃细菌利用 NH_3 和酮酸合成微生物氨基酸，进而合成微生物蛋白质。这些微生物蛋白质随着瘤胃食糜流入真胃和小肠，被消化和吸收，这就是反刍动物利用 NPN 的原理。

Q54：如何提高反刍动物对 NPN 的利用效率？

（1）饲粮中供给充足的易被消化吸收的碳水化合物，以增加微生物的合成能力。

（2）供给反刍动物适量的天然饲粮蛋白质。

（3）供给适量的硫、钴、锌、铜、锰等微量元素。

（4）供给适量的维生素。

（5）控制尿素等在瘤胃中的分解速度。

（6）尿素的饲喂对象为 6 个月以上的反刍动物。

Q55：反刍动物利用 NPN 有哪些注意事项？

（1）严格掌握尿素的用量。

（2）初次饲喂或停喂后再开始饲喂应该有 2～4 周的适应期。

（3）一天的喂量要分多次投喂，禁止溶于水中喂牛羊。

（4）对于 3 月龄以下的牛、2 月龄以下的羊禁止饲喂尿素等

NPN。

Q56: 非蛋白氮饲料的饲用方法是什么？

1. 使用尿素和糖蜜溶液　用机械方式将之喷洒于缺乏蛋白质的牧草上，随后在该牧地上放牧牛羊。

2. 按特定的配方　将尿素、食盐、钙、微量元素和一定的精料加工成舔砖，置于放牧地或牛栏内适当的位置，让动物自由舔食。

3. 用尿素和青饲料混合青贮　以玉米为代表的禾本科饲料中蛋白质含量很低，可将浓度较高的尿素液喷洒其上，用量为青贮料干物质的 0.5%，最多不超过 1%。这样的剂量既不影响青贮料对动物的适口性，又大大提高了青贮料的营养价值。

4. 将较高剂量（往往达 20%）的尿素与某些精料混合，配制成高蛋白质（粗蛋白质含量可达 60%）的商品预混合饲料　按商品说明，将这种预混料与缺乏蛋白质的基础饲粮混合，然后喂给动物。

5. 以一定比例将尿素与日粮直接混合　该法简单易行，但较难混匀，因而易引起动物中毒。

Q57: 用评定单胃家畜蛋白质营养价值的方法来评定反刍家畜蛋白质营养价值没有意义的原因是什么？

由于未代谢氮和瘤胃氮素循环造成的反刍家畜日粮中粗蛋白质水平升高，蛋白质的消化率也升高，蛋白质水平降低，消化率也降低。只有粗蛋白质水平在 13% ～ 15% 时，消化率测定值才准确；蛋白质生物学价值、净蛋白质利用率等方法是用于反映蛋白质饲料氨基酸平衡程度的。反刍家畜日粮中即使氨基酸含量为零，体内仍会有氮存留，因为微生物利用 NPN 合成微生物蛋白质供宿主利用。

Q58：如何治疗反刍动物的瘤胃氨中毒？

反刍动物氨中毒后，会出现典型的临床现象。如运动失调、呼吸困难、流涎与强直等神经性中毒症状，最后导致死亡。对牛氨中毒最常用的治疗方法是灌服 20 ～ 42 L 凉水，这可使瘤胃液温度下降，从而抑制尿素的降解，使氨浓度下降。若灌服 4 L 稀释的醋酸，则瘤胃液就基本上被中和。在中毒初期，为阻断尿素继续分解和中和瘤胃产生的氨，须给成年病牛灌服 4 ～ 5 L 酸奶或乳清，或 0.5 ～ 2.0 L 0.5% 的食醋（相当于 1 kg 醋）或同浓度的乳酸。能再喂 1 ～ 1.5 L 含 20% ～ 30% 糖蜜的糖液，效果更好。若用 10% 醋酸钠和葡萄糖混合液（喂量同前），效果也很理想。

Q59：鱼粉质量的检验方法有哪些？

鱼粉（包括国产鱼粉和进口鱼粉）在被饲用前，一般都需质量检验。检验原则为：先物理定性，后化学定量。具体检验方法如下。

1. 感观检查

（1）颜色。同一批鱼粉，色泽应基本一致。鱼粉的色泽受鱼品种、加工工艺与储存时间等因素的影响。一般有红褐色、青灰色、黄棕色或黄褐色等。不掺假的鱼粉，浅色的质量要优于深色的。但由于掺假可大幅度地改变外观颜色，故鱼粉颜色只作为其质量好坏的一个参考指标。

（2）气味。优质的鱼粉是咸腥味，劣质鱼粉可用鱼腥香添加剂来掩盖，因此鱼粉的气味也只能作为参考指标。

（3）细度。优质鱼粉，细度应均匀，95% ～ 100% 通过 12 目标准筛。掺入过量的羽毛粉，筛上物呈絮状；用鱼杂制得的鱼粉，筛上物会偏多。

（4）质地感。用手捻鱼粉，其柔软而呈肉松状，是优质鱼粉的特征，若有沙感或沉重感，应注意灰分超标。

2. 水选法

（1）水淘法。将 500 g 鱼粉样品放入 2 kg 水中，轻轻搅动，让水充分浸润后，小心淘去悬浮物，最后看剩下沙石、贝壳碎片等的多少。优质鱼粉应该是极少或者没有杂质的。另外，若鱼粉浸液极度混浊，灰分会偏高。

（2）水漂法。将 100 g 鱼粉样品浸入 25 ～ 80℃水中，轻轻搅动，让水充分浸润鱼粉。若掺入羽毛粉，会上浮水面，此时停留时间不宜过长，用 40 ～ 60 目铜网，将上浮物捞出，沥净水后，连铜网一起，在 105℃下烘 30 min，取出回潮 1 h，称重，计算，可求得羽毛粉的粗略掺入量。若是高温水解彻底的羽毛粉，部分羽干及羽枝将焦化成松香状晶体而沉入水底，应淘出，烘干，过筛，分离后称重，再与漂浮羽毛粉相加，即是整个羽毛粉掺入量。

3. 镜检法

鱼粉中可能被掺入血粉、羽毛粉、蹄角粉、皮革粉、棉籽粕、菜籽粕、锯末、肉骨粉、鱼内脏粉等，为了能快速、准确、直观鉴别出这些掺入物，平时应练好基本功。

（1）若呈片状，质地明亮，有透明感，则是蹄角粉或羽毛高温后所成焦化物的特征。结合水漂时是否发现羽毛粉，可把二者区别开来。

（2）若是不规则的小颗粒，透明感差，是鱼肉焦化（鱼粉加热过度）或肉骨粉的特征，结合鱼粉整体颜色，钙、磷含量及比例等，可加以区分。

4. 粗蛋白质、粗灰分、水分、钙、磷、盐的分析

（1）粗蛋白质。国产鱼粉粗蛋白质含量一般为 53% ～ 64%。过低，可能是杂鱼所制；过高，有掺假之嫌。需要注意的是，鱼粉中粗蛋白质的高低并不是判断鱼粉品质优劣的唯一指标。

（2）粗灰分、钙、磷。粗灰分高于 20%，表明非全鱼所制（特殊情况除外）。钙、磷比例应稳定，接近 2∶1，国产鱼粉大都偏低。

（3）水分。应越低越好，但在 7% 以下时，可能过热，鱼肉焦化，消化率低，并引起鸡肌胃糜烂。

（4）盐分。不应高于 4%，国产鱼粉盐分不稳定。

5. 氨基酸分析

（1）优质鱼粉赖氨酸应在 4.7% 以上，蛋氨酸在 1.5% 以上，其他必需氨基酸也应较高。

（2）各种氨基酸含量总值与粗蛋白质值越接近，鱼粉品质越好。国产鱼粉，前者应占后者的 75% 以上，若太低，有掺入非蛋白氮之嫌，需测真蛋白值，加以证实。

（3）其中的氨值，若过高，表明新鲜度差，或掺入非蛋白氮。

（4）组氨酸含量过低，也是新鲜度差的一个标志。或组氨酸含量过高，镜下也能发现与血粉样品相同的小颗粒，则可定为该鱼粉中掺有血粉。

（5）谷氨酸含量应是较高的。

Q60：血粉的生产工艺和方法如何？

1. 蒸煮血粉的生产　蒸煮血粉工艺简单，规模可大可小，工艺流程为：蒸煮→脱水→干燥粉碎→成品。

（1）煮血。煮血时应不断搅拌，以免下部焦烟。可用隔水套加热避免烧焦，但会大大增加燃料费用。用大径浅盘容器煮血，有助于减少血被炭化。搅拌时可用机械，也可人工进行。另外一种煮血方法是：将高压蒸汽直接通入血中蒸煮，边煮边搅拌，直到血形成松脆团块为止。为了延长血的保质期，收集原料血液时，可加生石灰（CaO，70%），用量为血重量的 0.5% ～ 1.5%，在血液凝固前，将其拌匀。若集血时未加生石灰，则可在煮血时加入 0.5% ～ 1.0% 生石灰，边加边拌。未加生石灰的血，即使干燥后也不能长期储存，且储存不久后会产生一种难闻的气味。

（2）脱水。可用螺旋压榨机，也可用液压压榨机、饼干压制机等对血块脱水。若无以上设备时，可将血块装入麻（布）袋，进行人工挤压，将其含水量降到 50% 以下后干燥。

（3）烘干。工业化干燥法，是将煮过的血放在强制循环的热风炉中干燥，接触温度不应超过 60℃。大型血粉厂用血柜煮血，用干燥机干燥。若无设备，也可用自然干燥法：将煮过的血块捣碎，均匀地铺在晒场上晾晒，直至干燥。干后的小血块经粉碎后，即为蒸煮血粉。

2. 喷雾血粉的生产　喷雾血粉的生产适用于集中屠宰的肉联厂，其工艺流程是：鲜血→脱纤→过滤→喷粉→干燥→过磅→包装。

（1）脱纤。屠宰的鲜血沿着水泥槽流入圆形铁桶（内装搅拌器），达到一定量时，开动搅拌器脱纤，2 min 后关闭，然后打开脱纤桶上的阀门，使血流入储血池。

（2）初滤。开泵把脱纤后的血液，从储血池通过 2 只 30 目尼龙网筛，并辅以人工振动，加速过滤，除去血中的块状杂质及其他异物，并流入另一水泥池。

（3）复滤。初滤的血液通过泵压至储藏锅，血液在通过管道时要经过管道口设有的 40 目铜丝筛网复滤后才入锅，以进一步将血内的渣滓除掉。

（4）喷雾干燥。原理是，把血液喷成雾状，使之与 150～170℃温度的热空气接触，受热后迅速蒸发水分，使血液成为粉末落在干燥器底部，然后收集，即得喷雾血粉。全套喷射和干燥装置主要包括活塞、压力泵、过滤器、输送绞龙、鼓风机、引风机、干燥塔等。

（5）包装。干燥器内收集的血粉，直接装入袋内，包装袋用塑料薄膜制成，装好将袋封口，以防吸潮。

Q61：肉骨粉的加工工艺有哪些？

肉骨粉的加工方法主要有湿法生产和干法生产两种。

1. 湿法生产　直接将蒸汽通入装有原料的加压煮罐内，通过加热使油脂形成液状，经过滤与固体分离，再通过压榨法进一步分离出固体部分，经烘干、粉碎后即得成品。液体部分供提取油脂用。

2. 干法生产　将原料初步捣碎，装入具有双层壁的蒸煮罐中，用蒸汽间接加热分离出油脂，然后将固体成分适当粉碎，用压榨法分离出残留油脂，再将固体部分干燥后粉碎即得成品。

Q62：肉骨粉的生产方法是什么？

肉骨粉由不适于食用的畜禽躯体、骨头、胚胎、内脏及其他废弃物制成。也可用非传染病死亡的动物胴体制作。但严禁用死因不明的动物躯体制作肉骨粉。

肉骨粉的加工方法如下。

（1）将原料洗净甩干后分割成薄片，然后蒸煮，严格消毒和脱脂，烘干，粉碎即成。

（2）将洗净的原料放进锅内，加适量水后进行高温蒸煮，然后除去漂浮的油脂并分离出肉汤（肉汤经浓缩干燥后可制成肉汤粉）。把剩余的骨头和瘦肉装进卧爬式干燥机加工 1 h（蒸汽压力为 4 kpa，同时抽气），当干燥机内的粉料手握成团一放就散时可出料过筛。过筛时筛出的大块料可用锤片机粉碎。在干燥一段时间后，若原料的含水量仍高，应继续对其干燥，但要防止烘焦。

Q63：羽毛粉的生产方法有哪些?

1. 物理法　物理法是将羽毛粉置于高压罐内，加入适量水，用高温（200℃）和高压（6Pa）处理 1～2 h，处理后的羽毛粉为褐色团块，干燥粉碎后呈粗粉状。

2. 化学法

（1）酸处理。将羽毛置于容器内，加入适量的 2% 盐酸后煮沸，并不断地搅拌。蒸煮到用手轻拉羽毛干就能拉断时为止。用稀碱中和残酸，弃去废液，干燥后粉碎。

（2）碱处理。将羽毛置于铁锅等容器中，加入适量的 0.2%～0.5% 氢氧化钠，而后蒸煮至用手轻拉羽毛干就能拉断时为止。用稀酸中和残碱，弃去废液，干燥后粉碎。

（3）酸、碱处理。用酸、碱等方法处理羽毛，生产复合饲用氨基酸。其工艺流程为：羽毛浸泡漂洗→酸水解→ 去酸浓缩→碱水解→稀酸中和→吸附→减压干燥。

Q64：鱼粉、羽毛粉以及血粉的饲用价值有何区别?

鱼粉：饲用价值高，可促进动物日增重，改善饲料利用率，提高家禽产蛋量和蛋壳质量。因鱼粉中不饱和脂肪酸含量较高并具有鱼腥味，故在禽畜饲料中不可使用过多，否则导致畜产品异味。

羽毛粉：蛋白质生物学价值低，适口性差，氨基酸组成不平衡，水解羽毛粉在饲料中适宜用量：单胃动物控制在 5% ～ 7%，蛋鸡肉鸡 4%，生长猪 3% ～ 5%，鱼鹿 3% ～ 10%，火鸡 2.5% ～ 5%，奶牛控制在 5% 以下。

血粉：适口性差，氨基酸组成不平衡，并具有黏性，过量添加易引起腹泻，因此日粮中血粉的添加量不宜过高；不同种类动物的血源及新鲜度是影响血粉品质的一个重要因素，使用血粉要考虑新鲜度，防止微生物污染；由于血粉自身氨基酸利用率不高，氨基酸组成也不理想，应根据血粉的营养特性科学利用，在设计饲料配方时尽可能与异亮氨酸含量高和缬氨酸较低的饲料搭配。

Q65：什么是饲料抗营养因子？

抗营养因子是指一系列具有干扰营养物质消化吸收的生物因子。抗营养因子存在于所有的植物性饲料中，也就是说，所有的植物都含有抗营养因子，这是植物在进化过程中形成的自我保护物质，起到平衡植物中营养物质的作用。抗营养因子有很多，已知抗营养因子主要有蛋白酶抑制剂、植酸、凝集素、芥酸、棉酚、大豆异黄酮、大豆皂苷、单宁酸、硫苷等。

Q66：生豆粕中抗营养因子有哪些？

1. 胰蛋白酶抑制因子 抑制胰蛋白酶活性，使胰腺肿大，影响胰蛋白酶分泌。

2. 凝集素 与肠绒毛结合，影响养分消化吸收，还与红细胞结合，影响免疫功能。

3. 致甲状腺肿因子　使甲状腺肿大。

4. 皂角素　破坏水表面张力，影响消化液作用，使红细胞溶解。

Q67: 大豆或大豆饼（粕）中抗营养因子有哪些?

目前，有相当一部分的大豆在榨油前不经热处理，这样生产出来的大豆饼（粕）含有抗营养因子，主要包括抗胰蛋白酶因子、低聚糖、大豆凝集素、植酸、脲酶、大豆抗原蛋白（致敏因子）与致甲状腺肿因子等（表12）。根据对热稳定性不同，可将这些抗营养因子分为两类，即热不稳定性抗营养因子与热稳定性抗营养因子。

表 12　大豆或大豆饼（粕）中的各种抗营养因子

特性	抗营养因子	含量	不良作用	化学本质
热不稳定性抗营养因子	抗胰蛋白酶因子	2%	抑制胰蛋白酶、糜蛋白酶活性，使蛋白质消化率下降，引起胰腺分泌过多的胰蛋白酶，含硫氨基酸内源性损失增多，胰脏肿大，动物腹泻，生产性能下降	蛋白质
	脲酶	0.02～0.35U/g	本身无毒性，适当条件下被激活，分解尿素的含氮化合物引起氨中毒等	蛋白质
	大豆凝集素	3%	与肠上皮细胞表面特异性受体结合，损坏肠黏膜结构，影响消化酶分泌，抑制养分的消化吸收	糖蛋白
	致甲状腺肿因子	微量	影响甲状腺机能，引起甲状腺肿大	有机小分子
	脂肪氧化酶	约1%	破坏维生素，催化不饱和脂肪酸的氧化，形成挥发性物质，产生豆腥味	酶蛋白

续表

特性	抗营养因子	含量	不良作用	化学本质
热稳定性抗营养因子	抗原蛋白	约30%	刺激免疫系统产生抗体，导致肠黏膜过敏反应而损伤，引起消化吸收机能下降，腹泻	糖蛋白
	低聚糖	5%～6%	在小肠不能被消化，进入大肠被厌气微生物利用，导致胃胀气或腹痛	半乳寡糖
	植酸	2%	降低矿物元素的活性，抑制多种消化酶活性，影响蛋白质、淀粉等养分的消化吸收	肌醇六磷酸

Q68：如何消除大豆饼（粕）中的抗营养因子？

1. 热处理法　一些抗营养因子本质上是蛋白质，利用蛋白质的热不稳定性，通过加热，破坏（生）大豆饼（粕）中一些抗营养因子，如抗胰蛋白酶因子、大豆凝血素、致甲状腺肿因子、脲酶等。加热时要注意选择适当的温度、时间。加热不够不能消除抗营养因子。但是，热处理过度，则会破坏饲料中氨基酸（如半胱氨酸）和维生素，过度加热还会引起有些氨基酸和还原性糖反应生成不溶性复合物，导致蛋白质消化率降低，多种必需氨基酸尤其是赖氨酸和精氨酸的有效性下降，从而降低饲料的营养价值。

2. 化学处理法　指在大豆饼粕中加入化学物质，在一定条件下反应，使抗营养因子失活或钝化。化学处理法节省了设备和能源，对不同的抗营养因子均有一定的效果，但因化学物质残留，既降低了豆粕的营养价值，又可能对动物产生毒副作用，且成本也较高，目前在国内应用较少。

3. 作物育种法　通过育种途径，培育低抗营养因子或无抗营养因子的大豆品种是一种非常有效的方法。国外采用基因工程技术已育成低聚糖含量少的大豆品种，并有望在今后大规模种植。用现代生物技术可培育低抗营养因子的大豆品种，但因抗营养因子是植物用于防御的物质，降低其含量可能对植物本身有不良作用，且育种周期较长、成功率低、成本较高，目前国内研究较少。

4. 酶制剂法 用酶制剂法可降低抗营养因子，提高豆粕的营养价值。抗胰蛋白酶因子是一类蛋白质，它可作为底物而被蛋白酶水解，如胃蛋白酶可使抗胰蛋白酶因子失活。枯草杆菌蛋白酶、木瓜蛋白酶等对抗胰蛋白酶因子都有一定的酶解作用。蛋白酶也可使抗原蛋白在一定程度上降解，形成易被动物吸收的小肽。蛋白质经酶解后，会产生一些具有特殊生理活性的小肽，能直接被动物吸收，参与机体的生理活动，从而促进动物生产。在生长猪日粮中添加少量的小肽后，显著提高了猪的日增重、蛋白质利用率和饲料转化率。

5. 微生物发酵法 是借鉴于大豆食品发酵的一种处理方法，是目前研究的热点。利用微生物产生的酶降解抗营养因子并积累有益的代谢产物，是提高豆粕营养价值的有效方法。通过控制微生物发酵，使豆粕蛋白质有一定程度的降解而产生小肽，可节省能耗，且对消化道有保护作用，并能提高机体免疫力。

Q69：*如何判断大豆饼（粕）的生、熟？*

一般情况下，通过测定尿素酶活性，即可判断大豆饼（粕）的生熟度与加热程度。这是因为大豆饼（粕）中尿素酶活性与抗胰蛋白酶因子活性有一致的关系，即尿素酶活性大，抗胰蛋白酶因子活性也大；反之亦然。此法的原理是：生大豆饼（粕）中尿素酶具有活性，尿素酶能催化尿素分解为氨和二氧化碳，而氨液能使红石蕊试纸变蓝；而熟大豆饼（粕）中尿素酶已失活，因而不具有催化尿素分解为氨的作用，故红石蕊试纸不变色。

具体方法如下：取尿素约 0.1 g 于 250 mL 三角烧瓶中，加待测大豆饼（粕）粉 0.1 g，蒸馏水 100 mL，加塞。于 45℃ 的水浴锅中温热 1 h。取红石蕊试纸一片浸入此溶液中，若试纸变蓝，说明大豆饼（粕）是生的；若试纸不变色，则说明是熟的。

Q70：如何合理利用菜籽饼（粕）？

1. 限量饲用 为保证安全饲用，须对菜籽饼（粕）脱毒处理，低毒菜籽饼（粕）可不脱毒，但须严格控制用量。一般来说，低毒菜籽饼（粕）在肉猪饲粮中宜占 10% ～ 15%，母猪和生长鸡饲粮中宜占 5% ～ 10%。

2. 动物种类和年龄间差异 不同种类动物对菜籽饼（粕）中有毒物质的耐受性不同。一般来说，成年反刍动物耐毒力较强，菜籽饼（粕）喂量可稍多；而猪、禽耐毒力弱，其喂量宜少。随着年龄增大，喂量可酌增。但对于种用动物，要慎用菜籽饼（粕）。

3. 适口性问题 脱毒与否的菜籽饼（粕）都含有或多或少的毒素，因而其适口性较差。在畜、禽饲粮中使用菜籽饼（粕）时，应注意饲粮的适口性问题。必要时，可向饲粮中添加增味剂。

4. 使用营养性饲料添加剂 在含菜籽饼（粕）的饲粮中应增加氨基酸（如赖氨酸、蛋氨酸）、微量元素（如锌、碘等）和维生素（如维生素 E、维生素 C 等）用量，这样可减轻菜籽饼（粕）的毒害作用。

Q71: 棉籽饼（粕）中的毒性成分是什么？有何危害？

棉籽饼（粕）中含有游离棉酚等毒物，限制了棉籽饼（粕）的饲用。

1. 游离棉酚是细胞、血管和神经性毒素 大量棉酚进入消化道后，对胃肠黏膜有刺激作用，引起胃肠炎。进入血液后，能损害心、肝、肾等实质器官。因心脏损害而致的心力衰竭，又会引起肺水肿和全身缺氧性变化。游离棉酚能增强血管壁的通透性，使得血浆和血细胞渗向周围组织，受害组织发生浆液性浸润和出血性炎症，以及体腔积液。游离棉酚的脂溶性使其易积累于神经细胞中，使得神经系统机能发生紊乱而呈现兴奋或抑制。

2. 游离棉酚在体内可与蛋白质、铁结合 游离棉酚在体内可与许多功能蛋白质或一些重要的酶结合，使它们丧失活性。游离棉酚与铁离子结合，可干扰血红蛋白的合成而引起缺铁性贫血。

3. 游离棉酚可影响雄性动物生殖机能 游离棉酚能破坏睾丸生精上皮，导致精子畸形、死亡，甚至无精子。因此，棉酚可使动物繁殖力降低，甚至造成公畜不育。

4. 游离棉酚可影响禽蛋品质 产蛋鸡采食棉籽饼（粕）后，产出的蛋经过一段时间储存后，蛋黄变成黄绿色或红褐色，有时出现斑点。这可能是蛋黄中铁离子与游离棉酚结合成复合物。当饲粮中游离棉酚含量达 50 mg/kg 时，蛋黄就会变色。

5. 游离棉酚可降低棉籽饼（粕）中赖氨酸的有效性 在棉籽榨油过程中，由于受到湿热，游离棉酚中活性醛基可与棉籽饼（粕）蛋白质中赖氨酸的 ε 氨基结合，发生美拉德反应，降低了赖氨酸的有效性。

Q72：如何正确使用棉籽饼（粕）？

棉籽饼（粕）的饲用方法与饲用价值很大程度上取决于其中游离棉酚的含量。棉籽饼（粕）在蛋鸡、育成鸡、肉猪饲粮中可分别用至 6%、9%、10%，但在仔猪饲粮中要避免使用棉籽饼（粕）。棉籽饼（粕）在反刍动物饲粮中用量可稍多，但对于种用动物要慎用、少用甚至不用，因为游离棉酚对生殖机能有慢性渐进性毒害作用。

Q73：花生饼（粕）的饲用价值如何？

花生饼（粕）对雏鸡的饲用效果较差，尤其是加热不良的花生饼（粕）会引起雏鸡胰脏肥大。因此，日本和我国台湾地区规定在雏鸡饲粮中不能使用花生饼（粕）。但在育成鸡和产蛋鸡饲粮中可分别用至 6%、9% 的花生饼（粕）。花生饼（粕）对猪的饲用效果较好。在仔猪饲粮中能代替 1/4 的大豆饼（粕），在生长肥育猪饲粮中能代替 1/3～1/2 的大豆饼（粕）。花生饼（粕）是牛、羊、兔、马等草食动物的较好蛋白质饲料，用量一般不受限制。

Q74：谷实的加工副产品有什么营养特点？

谷实的加工副产品主要是一些糟、渣类饲料，这类饲料有一个共同特点，即均为提走糖类物质后的多水残渣物质。这些糖类物质或因发酵酿酒而转化为醇或直接制成淀粉而被提走。故残存物中，粗纤维、粗蛋白质与粗脂肪含量均相应地较原料籽实大大提高。这类饲料干物质中粗蛋白质含量多为 22%～50%，故将其列入蛋白质饲料范畴。但是，这类饲料往往真菌类毒素超标，需要特别注意。

Q75: 玉米蛋白粉有哪些营养特点与饲喂价值？

玉米蛋白粉是以玉米为原料，经脱胚、粉碎、除渣、提取淀粉后的黄浆水，再经浓缩和干燥得到的富含蛋白质的产品。它包括玉米中除大多数淀粉以外的几乎所有其他物质，因此玉米蛋白粉中粗蛋白质和粗纤维等成分较原料玉米高得多。因在工艺过程中多次水洗，故其中水溶性物质（如水溶性维生素）含量较少。但因其中蛋白质含量高（可达50%），故仍是一种较重要的蛋白质饲料。

玉米蛋白粉气味芳香，具有烤玉米的味道，并兼有玉米发酵后的特殊气味，适口性好，可作为鸡、猪、牛等动物的蛋白质饲料。使用前，应对其成分进行实测。另外，黄玉米蛋白粉富含黄色素，对鸡皮肤、蛋黄、鱼体等有着色作用。

Q76: 啤酒糟有哪些营养特点与饲喂价值？

大麦是酿造啤酒的主要原料，大麦经温水浸泡2～3 d，充分吸水升温而发芽，发芽后产生大量淀粉酶，麦芽中含水42%～45%，经加温干燥，再去掉麦芽根（防止啤酒变苦），经进一步加工制成糖化液，分离出麦芽汁，剩下的大麦皮等不溶混杂物就是鲜啤酒糟，经干燥就为干啤酒糟。啤酒糟可用作动物的蛋白质饲料，较适于作为反刍动物和鸭的饲料，但要尽量与其他蛋白质饲料搭配使用。

酒糟的营养价值，除受原料影响外，还受夹杂物的影响。例如，为了多出酒，常在原料中加稻壳，作为疏松通气物质，这就使酒糟的营养价值大大降低。

Q77：如何正确地储存酒糟？

酒糟中含有酒精，动物食后易醉，故应严格控制喂量。鲜酒糟若不能及时喂完，就易腐败。储存方法如下。

（1）与秕谷或其他碾碎粗料混储，混合比例以 3：1 为宜，青贮酒糟在饲用前要加熟石灰，以中和其中的酸（100 kg 糟加 100 ～ 140 g 熟石灰）。

（2）将鲜酒糟置于窖中 2 ～ 3 d，待上面渗出液体时将清液除去，再加鲜酒糟。这样层层添加，最后一次清液不要排出，留下一层水以隔绝空气，再用木板盖好。用此法沉淀保存的酒糟呈浓厚糊状，气味好，营养价值较鲜酒糟高。

Q78：瘤胃微生物消化的主要优缺点是什么？

优点：可以将纤维性饲料分解成挥发性脂肪酸供给反刍动物能量；可以将非蛋白氮合成微生物蛋白质，可以将劣质蛋白质合成优质蛋白质满足动物蛋白质需要，可以合成 B 族维生素满足动物的营养需要。

缺点：在微生物消化过程中，有一定量能被宿主动物直接利用的营养物质首先被微生物利用或发酵产生 CH_4 形成嗳气导致损失，这种营养物质二次利用明显降低利用效率，特别是能量利用效率。微生物将优质蛋白质降解成 NH_3，形成尿素导致损失，影响优质蛋白质的利用。

Q79：微生物性蛋白质饲料生产有什么特点？

（1）原料丰富，如有机垃圾、动物类、工业废气、废液、烃类、纸浆、糖蜜、天然气等都可做原料。

（2）生产设备较简单，规模可大可小。

（3）不与粮食生产争地，也不受气候条件限制。

（4）能起到"变废为宝"、保护环境、减少农田江河污染的作用。

（5）生产周期短、效率高，在适宜条件下，细菌 0.5 ～ 1 h，酵母 1 ～ 3 h，微型藻 2 ～ 6 h 即可增殖 1 倍。

Q80：植物性蛋白质饲料的主要营养特色有哪些？

（1）蛋白质含量高，且蛋白质质量较好。

（2）脂肪含量变化大。

（3）粗纤维含量一般不高，基本上与谷类籽实近似，饼类稍高些。

（4）矿物质中钙少磷多，如植酸磷。

（5）维生素含量与谷实相像，B 族维生素较丰富，而维生素 A、维生素 D 较缺少。

（6）大部分含有一些抗营养因子，影响其饲喂价值。

Q81：植物性蛋白质原料在使用过程中需要注意的问题？

（1）大豆及其饼在使用时一般加热后使用，因为生大豆含有众多抗营养因子，直接喂会造成动物生病，价值降低。

（2）棉籽粕应该去毒处理，保证安全。

（3）菜籽粕使用时做脱毒处理。

（4）花生饼极易感染黄曲霉，需注意防霉。

Q82: 如何减轻植物性蛋白质饲料中的抗营养因子对畜禽的有害影响？

主要抗营养因子：胰蛋白酶抑制剂、植物凝聚素、皂角苷、多酚化合物、胀气因子等。

减轻方法如下。

物理方法：加热法、机械加工法、水浸泡法、膨化法；生物技术法：酶水解法；还有化学法、育种法。

Q83: 抗生素添加剂的作用机理是什么？

（1）抗生素可削弱消化道（小肠、盲肠等）内有害微生物的作用，特别在卫生不佳、管理不善的情况下，其效果尤为明显。有害微生物被抑制或杀死，就会减少动物体对抗有害微生物的消耗，从而节省了维生素、蛋白质等养分。

（2）抗生素对某些病原菌有抑制杀灭作用，可增强畜禽抵抗力，防治疾病，恢复健康。

（3）畜禽服用抗生素能使肠壁变薄，从而有利于养分的渗透和吸收。

（4）抗生素有增进食欲，增加采食量的作用，同时，抗生素可刺激脑下垂体分泌激素，促进生长发育。

Q84: 抗生素添加剂是如何分类的？

用作饲料添加剂的抗生素一般可分为两类：一类是人、畜共用的抗生素，如土霉素、链霉素、金霉素、青霉素和卡那霉素等；另一类是畜禽专用的抗生素，如杆菌肽锌、维吉尼亚霉素、竹桃霉素、泰乐霉素、黄霉素、盐霉素和灰霉素等。

Q85：抗生素添加剂的使用效果如何？

抗生素添加剂的饲用效果随抗生素的种类、动物类别与生长阶段不同而有所差异。一般而言，抗生素添加剂对成年动物的效果较差，而对幼龄动物如仔猪、幼雏的效果较好，用抗生素喂犊牛，可减少腹泻和传染病的发生，促进其生长发育，尤以6月龄前的犊牛饲喂效果最好；用抗生素喂仔猪，可使其增重提高10%～15%，饲料利用率提高5%左右；用抗生素喂幼雏，可使其增重提高10%～15%，饲料利用率也提高。

Q86：促生长类抗生素的主要功能有哪些？

（1）抑制动物肠道中有害微生物的生长与繁殖，从而预防疾病发生和保持动物体健康。

（2）促进有益微生物的生长并合成对动物体有益的营养物质。

（3）防止动物肠道壁增厚。

（4）增强动物的生理和代谢机能，促进动物生长发育和提高饲料利用效率。

Q87：抗生素添加剂有哪些毒副作用？

1. 使病原微生物产生耐药性　大多数抗生素在抑制或杀灭病原微生物的同时，也会使某些病原微生物产生基因突变而成为耐药菌株，耐药菌株可将耐药因子向敏感菌传递，逐渐使整个病原微生物菌群产生耐药性。耐药性的产生，将使抗生素对人和动物的某些疾病的防治作用下降或消失。

2. 抗生素在动物产品中残留，从而使人体产生过敏反应 抗生素通过饲粮进入动物体内，不同程度地残留于动物产品中。一些抗生素较稳定，能耐加热等加工方法，如巴氏消毒不能破坏乳中抗生素，如食用了这种乳，会出现荨麻疹或过敏性休克。肉类等动物产品中若残留有链霉素，加热对其降解作用很弱。若残留的是四环素，则加热降解产生的四环素降解产物比四环素本身有更强的溶血作用和肝毒作用。

3. 人和动物长期摄入微量抗生素免疫系统受到影响 抗病力下降。

4. 抗生素对人、动物肠道天然菌群有杀灭、抑制作用 食物中长期含有抗生素，可抑制肠道中有益微生物增殖，从而使得肠道菌群组成失衡，沙门氏菌易于增殖，引起消化不良乃至腹泻等。

Q88: 如何合理使用抗生素添加剂？

1. 选用畜禽专用的、残留量少的、不产生耐药性的抗生素 例如，以杆菌肽锌为代表的多肽类抗生素吸收性差，几乎不产生耐药性，使用效果好。又如，瘤胃素（莫能菌素）既是牛、羊的生长促进剂，又可用作家禽的防球虫药。

2. 不能连续长期使用抗生素添加剂 应间断性短期使用。

3. 确定合理用量 抗生素用量过少不起作用，过多也不利。具体用量除与抗生素种类、饲用对象等有关外，还因饲用目的而异，如用于防治疾病则用量要比用于保健促生长剂的多。例如，土霉素、金霉素在饲粮中的用量，一般用于治疗的量为 100 ～ 200 g/t，用于预防的量为 50 ～ 100 g/t，作为促生长剂则为 10 ～ 50 g/t。

4. 应有停药期 对抗生素添加剂的使用期限要做具体规定。研究证实，抗生素停喂后，体内残留的抗生素逐渐减少。多数抗生素的消退时间为 3 ～ 6 d，故一般规定，在动物屠宰前 7 d 甚至更长时间停止使用抗生素。

Q89：滥用抗生素会产生什么问题？

首先，在使用抗生素药物后，大部分未代谢完的药物会通过动物排出体外，从而导致其流失到周边的环境，造成环境污染；其次，污水处理设施均不能消除所有的抗生素和耐药细菌，该地区或将成为热点地区，同时这也将助长超级细菌的发展；最后，人类通过食用含有抗生素的畜产品，间接摄入抗生素，导致身体内耐药性增加，免疫力下降，从而损害人体健康。

Q90：禁抗会对哪些行业领域产生影响？

1. 替抗产品或迎来新机遇 未来，在新的兽用抗菌药准入上推行"四不批一鼓励原则"，即人用重要抗菌药品种转兽用不批、需要长期添加用于促进动物生长作用的不批、易蓄积残留超标的不批、易产生交叉耐药性的不批；鼓励研制新型动物专用抗菌药和诸如中兽药、益生素的替代品。

2. 无抗肉成为新的营销热点 在诸多因素下，中国的养殖产能持续增长，但是其未来供过于求的现象或将使得饲料业、养殖业利润降低，企业势必会盯上品牌肉的领域，会通过销售差异化来获取溢价的机会。

3. 饲料产品设计思路的转变 随着全面禁抗的实施，原有的设计思维或不再适用于无抗，会随着时间的推移，改变设计思维，例如替抗产品的出现，抑或是综合性的替抗产品。

4. 执业兽医制度或将加快完善　在禁抗后，养殖业或将出现养殖端用药不规范的行为，这一行为不规范，或将对养殖业造成极度不良影响，不能从禁抗转为滥用药，这是非常不好的，因此需要对其有一定的规范。

Q91：碳酸氢钠在饲料添加中的作用？

碳酸氢钠不仅可以补充钠，更重要的是具有缓冲作用，其营养生理作用实质为维持体内电解质平衡和酸碱平衡，促进畜禽对饲料的消化吸收和利用，增强机体免疫力和抗应激的能力。研究证实，奶牛和肉牛饲粮中添加碳酸氢钠可以调节瘤胃 pH，给微生物提供一个良好的生长和繁殖环境，防止精料型饲粮引起的代谢性疾病，提高增重、产奶量和乳脂率。

Q92：使用钙磷饲料应注意哪几个方面的问题？

（1）钙源饲料使用应适量，若使用过量会影响钙磷平衡，使钙和磷的消化、吸收和代谢都受影响。

（2）使用富含磷的矿物质饲料原料应考虑原料中有害物质，如氟、铝、砷等是否超标。

（3）适当的钙磷比。

Q93：作为饲料添加剂的条件有哪些？

1. 安全　长期使用或在添加剂使用期内不会对动物产生急、慢性毒害作用及其他不良影响；不会导致种畜生殖生理的恶变或对其胎儿造成不良影响；在畜产品中无蓄积，或残留量在安全标准之内，其残留及代谢产物不影响畜产品的质量及畜产品消费者——人的健康。不得违反国家有关饲料、食品法规定的限用、禁用等规定。

2. 有效 要有较高的生物效价，即动物能吸收和利用，并能发挥特定的生理功能；在畜禽生产中有确切的饲养效果和经济效益。

3. 稳定 符合饲料加工生产的要求，在饲料的加工与贮存中有良好的物理和化学稳定性，与常规饲料组分无配伍禁忌，方便加工、贮藏和使用。

4. 适口性好 在饲料中添加使用，不影响或提高畜禽对饲料的采食。

5. 对环境无不良影响 经畜禽消化代谢、排出机体后，对植物、微生物和土壤等无害。

Q94：酶制剂的作用机理是什么？

（1）破坏植物细胞壁，提高养分消化率。

（2）降低消化道食糜黏性。

（3）消除抗营养因子。

（4）补充内源酶的不足，激活内源酶的分泌。

Q95：酶制剂的作用有哪些？

1. 补充动物内源酶的不足，促进饲料养分的消化 幼龄动物尤其是初生动物，因消化系统尚未发育完全，各种消化酶的分泌量不足，活性不强，对谷物与其他植物性饲料的消化能力较弱，在幼龄动物饲粮中添加适量酶制剂，则有利于饲粮中养分的消化吸收。

2. 降低食糜黏度，预防消化道疾病 非淀粉多糖如 β 葡聚糖、阿拉伯木聚糖等与水结合，使食糜黏度增强，从而导致饲料养分消化率降低，还使动物产生黏粪现象。

3. 消除抗营养因子　构成植物细胞壁的纤维素、半纤维素等成分不仅不能被动物内源酶消化，还阻碍细胞内容物养分的消化。使用相应的酶制剂，可消除抗营养因子的有害作用。

4. 提升饲用价值　例如，小麦因含一定量的 β 葡聚糖、阿拉伯木聚糖等成分，饲用效果较差，但用 β 葡聚糖酶、阿拉伯木聚糖酶，可显著提高小麦的饲用价值。

5. 减少粪中氮、磷等物质对环境的污染　使用酶制剂，可有效降低氮、磷等元素排放量，保护生态环境。

Q96：使用酶制剂时应注意哪些问题？

1. 酶制剂的活性　酶是蛋白质，易受热、酸、碱、重金属和抗氧化剂等因素影响，长期储存易导致其活性丧失。使用的酶制剂应有相当强的活性，否则不能取得对养分消化的催化作用。

2. 酶制剂中是否含毒素　在生产酶制剂时，虽对产酶菌种要进行严格选择，确认为无毒菌株才用于生产，但可能在生产过程中有杂菌污染，使酶制剂带毒。因此，在使用酶制剂前，要进行毒性试验，确认酶制剂无毒时方可投入使用。

3. 确定酶制剂用量　应根据酶制剂的种类、纯度、酶活等方面决定酶制剂在畜禽饲粮中的用量。

4. 酶制剂的添加方法　因酶制剂在饲粮中用量很少，故须先将酶制剂制成预混料，再将此预混料混入饲粮中，以保证其混合均匀度。

Q97：采用高锌来提高动物抗病能力的依据是什么？

（1）锌具有促进舌黏膜味蕾细胞迅速再生，调节食欲，延长食物在消化道停留时间，促进采食，提高饲料转化率的作用。

（2）抑制病原性大肠杆菌的生长，提高机体免疫水平，间接促进猪的生长。

（3）消除体内自由基的不良影响，增强 DNA 转录 RNA，促进胰岛素类胰岛素生长因子的合成和分泌，加强代谢。

Q98：维生素有效性的评定方法有哪些？

化学分析法：光谱比色（紫外线、可见光）、色谱比色（高效液相色谱、气相色谱）。

生物学分析法：微生物法（琼脂扩散、比浊分析）、实验动物法。

维生素 A 测定：紫外光吸收法和高效液相色谱。

维生素 E 测定：紫外光吸收、比分色析、高效液相色谱分析。

维生素 B_6 测定：紫外光吸收、微生物法、高效液相色谱分析。

Q99：配合饲料生产的理论基础是什么？

（1）单一饲料原料存在问题。

（2）养分之间互补效应。

（3）不同饲料的养分有可加性。

Q100：如何提高饲料利用率？

（1）配制饲料时，按照饲养标准满足动物能量、蛋白质、氨基酸、矿物质、维生素等营养需要。

（2）避免添加过多含粗纤维或其他抗营养因子过高的饲料原料。

（3）注意饲料合理加工，采取适当粉碎或制粒的方式，提高饲料的利用率。

（4）添加酶制剂、酸化剂等有助于改善饲料利用的饲料添加剂提高饲料的消化率。

Q101：饲料配方设计原则有哪些？

饲料配方的设计涉及许多制约因索。为了对各种资源进行最佳分配，配方设计应遵循以下基本原则。

1. 科学性原则　饲养标准是对动物实行科学饲养的依据，因此，饲料配方必须根据饲养标准所规定的营养物质需要量的指标进行设计。在选用的饲养标准基础上，可根据饲养实践中动物的生长或生产性能等情况做适当的调整。一般按动物的膘情或季节等条件的变化，适当调整其饲养标准。设计饲料配方应熟悉所在地区的饲料资源现状，根据当地饲料资源的品种、数量以及各种饲料的理化特性和饲用价值，尽量做到全年比较均衡地使用各种饲料原料。在这方面应注意以下问题。

（1）饲料品质。应选用新鲜无毒、无霉变和质地良好的饲料，应注意抗营养因子对饲料品质的影响。

（2）饲料体积。饲料的体积应尽量和动物的消化生理特点相适应。

（3）饲料适口性。饲料的适口性直接影响采食量，故应选择适口性好、无异味的饲料。若采用营养价值高但适口性却差的饲料，必须限制其用量。特别是为幼龄动物和妊娠动物设计饲料配方时更应注意。对适口性差的饲料，可适当搭配适口性好的饲料原料或加入调味剂以提高其适口性，促使动物增加采食量。

（4）经济性和市场性。经济性即经济效益，饲料原料的成本在饲料生产企业及畜牧业生产中均占很大比例，在追求高质量的同时，往往会付出成本上的代价。因此，营养参数的确定要结合实际，饲料原料的选用应注意因地制宜和因时制宜，要合理安排饲料工艺流程和节省劳动力消耗，降低成本。不断提高产品设计质量并降低成本是配方设计人员的责任，长期的目标自然是为企业追求最大收益。

2. 可行性原则　设计配方时必须明确产品的定位。例如，应明确产品的档次、客户范围、现在与未来市场对本产品可能的认可与接受前景等。另外，还应特别注意同类竞争产品的特点。农区与牧区、发达地区与不发达地区和欠发达地区、南方与北方、动物的集中饲养区与农家散养区，产品的特性应有所差别。配方在原材料选用的种类、质量稳定程度、价格及数量上都应与市场情况及企业条件相配套。产品的种类与阶段划分应符合养殖业的生产要求，还应考虑加工工艺的可行性。

3. 安全性与合法性原则　按配方设计出的产品应严格符合国家法律法规及条例，如营养指标、感官指标、卫生指标和包装等。黄曲霉毒素和重金属砷、汞等有毒有害物质不能超过规定含量。含毒素的饲料应在脱毒后使用，或控制一定的喂量。尤其违禁药物及对动物和人体有害物质的使用或含量应强制性遵照国家规定。企业标准应通过合法途径注册并遵照执行。

4. 合法与环保原则　随着社会的进步，饲料生物安全标准和法规将陆续出台，配方设计要综合考虑产品对环境生态和其他生物的影响，尽量提高营养物的利用效率，减少动物废弃物中氮、磷、药物及其他物质对人类、生态系统的不利影响。

5. 逐级预混原则　为了提高微量养分在全价饲料中的均匀度，

原则上讲，凡是在成品中的用量少于1%的原料，均应首先进行预混合处理，否则混合不均匀就可能会造成动物生产性能不良、整齐度差、饲料转化率低，甚至造成动物死亡。

Q102: 饲料成分常规分析法存在什么缺点?

主要表现在粗纤维测定方法上，有相当多的木质素、半纤维素和部分纤维素溶解在酸、碱液中。测定结果没有包括全部的纤维素、半纤维素和木质素，有一部分被计算到无氮浸出物中。结果造成某些饲料粗纤维含量偏低、无氮浸出物量偏高。

Q103: 评定饲料营养价值的方法有哪些?

饲料原料营养价值的几种评定方法如下。

1. 化学分析法 指对饲料、动物组织及动物排泄物的化学成分进行分析测定，而主要是定量分析。化学分析法包括饲料分析、血液分析、尿液分析及粪便分析。通过有关化学成分的测定，可为动物营养物质需要量的确定和饲料营养价值的评定提供基础数据，为机体营养缺乏症的早期诊断提供重要的参数。

（1）饲料分析。该方法是通过测定饲料中的概略养分含量和纯养分含量，来评定饲料的营养价值。饲料中的概略养分包括水分、粗蛋白质、粗脂肪、粗纤维、粗灰分和无氮浸出物，但这六种概略养分是一个笼统的概念，很难对饲料的营养价值作出较为准确的评判。对饲料中纯养分含量的分析测定是化学分析手段不断完善和发展的结果，也是营养学研究的必然需要。目前，测定的饲料纯养分包括：真蛋白质（TP）、NPN、AA、有效氨基酸、真脂肪、类脂肪、纤维素、半纤维素、木质素、糖、淀粉、各种矿物元素及维生素等。通过这些纯养分的含量高低并参考有关营养学理论，就可以比较准确地评定饲料的营养价值。

（2）动物组织和血液分析。通过分析动物血液成分以及动物机体组织的相关指标来评价机体维生素、微量元素的吸收代谢情况，结合饲养试验、平衡试验和屠宰试验以确定动物对各种营养物质的需要。常用于测定的组织有肝、肾、骨骼肌、骨、毛发以及全血、血浆、血清和红细胞，甚至整个机体。

（3）尿液分析。尿液中含有各种无机及有机成分，它们大多是动物新陈代谢的产物，虽然它们的含量受许多因素的影响，但正常情况下，各种成分都有一定的含量范围。通过某些尿液成分分析可了解体内代谢和机体营养状况是否正常。

（4）粪便分析。粪便成分分析是消化试验和平衡试验的重要内容。通过测定粪便中的粗蛋白质、粗纤维和粗脂肪等养分的含量，来估计饲料中的各种可消化养分、消化能及代谢能含量的高低。

2. 消化试验法　对饲料的化学分析只能说明饲料中各种养分的含量，而不能说明它们能被动物消化利用的程度或性质。只有测定饲料或日粮的养分消化率，才能比较准确地评定饲料营养价值。消化率的测定，必须通过消化试验完成。消化试验的内容如下。

（1）全收粪法。是指收集动物的全部粪便进行消化试验，有肛门收粪法和回肠末端收粪法之分。前者是利用一定的装置（如集粪袋）在动物的肛门处收集动物粪便（一般选用公畜），然后进行处理。后者是通过外科手术在回肠末端安装一瘘管收集粪便，主要用于猪饲料氨基酸消化率的测定。从肛门收集的粪便，由于受大肠和盲肠微生物的干扰，所测结果与实际值相差较大。测定家禽氨基酸消化率，因禽类消化道短，大肠和盲肠微生物的影响小，一般仍采用全收粪法。

（2）指示剂法。优点在于减少收集全部粪便的麻烦，节省时间和劳力，用作指示剂的物质必须不为动物所消化吸收，能均匀分布且有很高的回收率。指示剂又分为外源指示剂和内源指示剂。三氧化二铬（Cr_2O_3）是常采用的外源指示剂。内源指示剂常用饲料本身含有的不可消化吸收的物质，如酸不溶灰分。

（3）尼龙袋法。是将被测饲料装入特制尼龙袋，从反刍动物的瘤胃瘘管放入瘤胃中，48 h 后取出，冲洗干净，烘干称重，与放入前的饲料蛋白质含量相比，差值为饲料可降解蛋白含量。目前，国际上已普遍采用此法测定饲料蛋白质的降解率。其优点是简单易行，重现性好，试验期短，便于大批样品的研究和推广。需注意的是，尼龙袋的通透性要好，即网眼大小和密度要适当；样品要有一定细度，便于瘤胃液作用充分发酵。

3. 离体消化试验　是模拟消化道环境，在体外（试管内）进行的消化（孵化）试验。因常规消化试验和指示剂法都耗费大量人力、物力和时间，尼龙袋法虽有不少优点，但安装瘘管仍较麻烦，所以近年来离体消化试验发展迅速。按照消化液达到来源可分为消化道消化液法和人工消化液法。前者是收取瘤胃液或在离幽门1.5～2 m 处安装瘘管收集小肠液（PIF），然后在试管中消化。后者是采用人工制取的消化酶配制成模拟消化液。目前主要用于反刍动物饲料消化率以及瘤胃饲料蛋白质降解率的测定。

Q104: 我国饲料工业的现状如何？

建立了合理的工业体系，大力开发了粗饲料资源，发展迅速但存在几个主要问题：饲料及饲料添加剂资源短缺、配合饲料使用比率低、单个工业饲料资源企业生产规模小、基础研究薄弱、饲料安全存在问题。

未来的发展趋势：配方设计更科学、饲料产品的科技含量更高、饲料企业规模更大、饲料原料的来源更广、对饲料的安全绿色关注度变高。

Q105: 饲料加工的目的是什么？

1. 增加饲料的适口性　尤其是粗饲料的加工，将原来动物不太愿意采食的粗料经过加工，提高适口性，增加采食量。

2. 提高饲料的利用率　粗饲料经过加工后能为动物充分利用，对谷物的加工，能增加淀粉的可消化性。经过粉碎的谷物的面积远远大于未加工谷物的面积，这样使瘤胃内的微生物接触谷物的面积增加，促进了淀粉的消化吸收，从而使淀粉从发酵转化成脂肪酸的速度加快，提高了养份的消化率。

谷物经过蒸汽压片（薄片），能提高淀粉在瘤胃中的可溶性，进而增加淀粉的发酵性能。一般的规律，饲料的可溶性越大，发酵率越高，饲料的总消化率就越强。

3. 增加采食量　增加采食量是动物快速增长的基本条件，饲料经过加工后形状、体积都会发生变化，从而提高了采食量。

4. 便于贮存　对饲料进行加工可以起到方便贮存的作用。

Q106: 饲料生产的工艺和设备有哪些？

饲料生产工艺主要包括：投料→原料处理→粉碎→配料→混合→制粒→包装。饲料生产配料工主要从事原料处理系统和饲料混合系统工作。原料处理系统就是把原料中的杂质去除或是进行分级处理，如分离石块、秸秆、铁钉、螺母、绳头、纸屑等，以保证成品质量和后续生产设备的安全。原料处理系统相关设备有：双层（初清筛）分级筛、单层初清筛、永磁筒、永磁板等。饲料混合系统就是将合格的饲料原料及微量组分按配方要求，逐个称量、混合在一起，并搅拌均匀达到成品或半成品，使得各种营养成分均匀分布，使畜禽以最小的饲粮获取最全的营养，提高饲料效率。混合系统设备有：计量秤（电子秤最佳）、混合机。

Q107: 投料工的岗位职责有哪些？

（1）明确生产任务，检查并掌握仓容情况，联系中控室按照生产计划合理安排上料顺序，检查本岗位机器设备，做好生产前准备工作，确保投料及时准确。

（2）熟悉并掌握各种原料的质量标准和用途，联系库房管理人员正确领用原材料，负责领用数量、质量和安全保质运送，整理领用垛位、清理领用道路，确保环境卫生及库容整洁。

（3）熟悉并掌握本工段工艺流程，按照工艺流程启动、关闭机器设备和严格操作规程，执行中控室投料指令，负责投料质量，杜绝霉变、杂质等不合格原料入机并及时清理各种筛理杂质。

（4）熟悉并掌握各产品粒度和各原料加工标准，严格按工艺参数更换粉碎机筛底，清理粉碎机除铁除杂系统，随时检查粉碎粒度，确保辅料加工合格。

（5）负责品种转换时核对换仓是否正确，投料口清理工作及输送系统是否彻底干净，确保入仓原料正确合格；密切与中控室联系与沟通，及时了解掌握各配料仓仓位与仓容存料情况，保证生产的连续进行。

（6）熟悉并掌握本工段机器设备（粉碎机等）性能、结构等状况，负责辅料设备的安全及合理运行工作，做好日常保养润滑工作，配合维修人员及时排除故障，保障生产。

（7）贯彻集中投料方式，减少设备空转或非满负荷运转现象。保持指示牌在规定位置，并保持其完好无损。

（8）负责核对投料指标（数量、质量等），办理相关手续，认真、如实填写岗位记录，整理返回包装物，保养与保管工作用具。空原料袋按规定数量扎捆后放到指定地点。

（9）负责清理本系统机器设备、工作现场卫生和划分的卫生责任区域，认真进行交接班和完成上级主管交办的其他各项工作。

Q108: 小料工的岗位职责是什么？

（1）明确生产任务，联系中控室按照生产计划准确领取并检查所需小料，检查校正配料台秤，做好生产前准备工作。

（2）负责领取小料的数量、质量，并按照不同品种及用途分类存放，保持标识清楚，严防交叉污染和品种混淆。

（3）熟悉并掌握各产品所需小料的名称、颜色、粒度、气味等，随时校正和清理配料秤，严格按照生产配方精确称量和核查。

（4）熟悉并掌握配料系统正常生产状况与现象，密切与中控室联系与沟通，严格按照要求添加小料；加强生产过程中的质量控制与配料记录工作，做到"一称一记"，防止出现小料多添、漏添、错添现象，杜绝不合格小料入机。

（5）负责当班剩余小料的结存、保管与移交工作，按照规定进行标注和存放，凡非本班领取使用前要认真检查核对，遵循先领先用原则。

（6）了解称量器具结构与性能，掌握使用与保养方法，严格按照操作规程操作，负责清理保养本岗位称量用具，使其保持整洁灵敏，保养与保管所使工具。废袋及时清理并于指定地点扎捆堆放。

（7）负责核对投料指标（数量、质量等），办理相关手续，认真、如实填写岗位记录，整理返回包装物，清理工作现场和责任区域卫生，保持干净整洁。

（8）配合中控室提高工作效率与质量，认真进行交接班和完成上级主管交办的其他各项工作。

Q109: 预混料配料工岗位职责有哪些?

（1）按《生产安排单》领取原料、包装及标签，领回的原料、包装及标签分品种定点规范堆放，并标识醒目。

（2）确保配料工具状态完好，计量准确。

（3）配料准确、无差错。

（4）添加量 ≤ 2 kg 的原料从混合机小料添加斗投入，≥ 2 kg 的原料从下料斗投入。

（5）执行规定的混合时间。

（6）废袋及时清理并于指定地点扎捆堆放。

（7）投料区整洁、卫生，设备表面和地面无灰尘、无污渍。

Q110: 饲料生产配料工的工作目标是什么?

（1）清理饲料原料中杂质，如石块、泥沙、麻袋片、麻绳头、木棍、木块、铁钉、铁片等，确保饲料生产安全和产品质量的稳定。

（2）按饲料粒度要求，选择合适的粉碎筛片，确保饲料的粉碎质量和满足加工过程中工艺对粒度的要求。

（3）称准每批次饲料的质量，确保配方的精确性。

（4）经常检修传输设备和核准称量仪器，杜绝饲料生产安全隐患因素。

Q111：饲料生产配料工的管理要点有哪些？

1. 原料的接收和清理　饲料厂使用的原料主要有粉料和粒料两种形式。前者不需要粗粉碎，对这种原料可直接经下料坑、提升机后，进入圆锥清理筛进行去杂，然后进行磁选，经分配器或螺旋绞龙直接进入配料仓，参与第一次配料；后者需进行粗粉碎，物料经下料坑、提升机进入清理设备进行去杂磁选处理后，进入待粉碎仓，经过粗粉碎后，再经提升机、分配器进入配料仓参与配料。

2. 粉碎　物料经粉碎后表面积增大而便于畜禽的消化吸收，并对输送、混合、制粒、膨化都更方便，效率也更高，质量更有保证。所以粉碎设备是饲料加工的关键性设备，既要注意经济效益，又应注意粉碎的质量和效率。因此，粉碎是使饲料得到合理利用的必要手段之一。

饲料工业粉碎饲料原料常用 3 ～ 6 mm 筛片控制粒度。机械粉碎受饲料种类、水分、筛孔大小等多种因素影响。大多数谷类中等程度粉碎为宜。一些籽粒较硬的谷类如高粱、带壳大麦，则以细粉碎为好。但过细如粉尘有被风带走的损失；在动物消化道易成团状；影响适口性，特别是反刍动物不喜爱吃粉状饲料；自动化饲养中，饲料漏不出自动饲料槽，影响动物采食；粉状料通过消化道的速度快，致使消化率降低；较长时间食用，容易引起消化道紊乱，如猪可能产生胃炎。

粉碎加工也包括压碎、压扁、切碎等将饲料物理形状适当改变等加工方法。

3. 配料　主要是大众原料的配制，即配方中配比较大的物料的配制。该过程主要由电子配料秤来完成，在配料过程中需特别注意配料仓的结拱问题。

4. 混合　配料完毕后进入混合，混合机的上方设有人工投料口，用于添加小料或预混料等。在混合过程中，把握好混合时间，将各物料充分混合，变异系数（CV）要求小于 5%。

Q112：配料工生产前操作规程是什么？

（1）弄清本班生产任务，清扫工作现场。

（2）到中控室领取进料单，按进料单需要的原料在进料口处悬挂进料牌。

（3）到保管组指定的位置领取原料，并检查所要进的原料外观是否合格，是否与进料牌原料相符。

（4）清理好初清筛及磁选筒，协助中控室人员搞好料仓情况调查，根据料仓情况和生产任务合理安排进料工作。

Q113：配料工生产过程中操作规程是什么？

（1）进料前配料工必须先开启进料绞龙、提升机、初清筛、磁选筒和粉碎机等设备后方可进料。

（2）服从中控室人员和班长安排，根据生产实际情况进行拖料、进料，对于中控室人员临时安排需要的进料任务，配料工必须积极配合执行。

（3）在拖料、进料过程中，要随时对原料进行五要求检查：要求原料色泽一致、要求无霉变、要求无结块、要求无异味、要求无异物。如发现原料有质量问题和有疑问的地方及时与生产班长和品管部门联系，并配合品管员和原料保管员及时处理等。

（4）在拖料运输过程中，配料工要注意防漏料现象，下雨天要注意防雨。

（5）进料过程中配料工要爱惜包装物品，对编织袋必须采取拆线处理，不允许用刀割烂和划破包装袋。

（6）在进料过程中，要经常对所进原料和进料系统杂料管道进行检查和清除，对麻绳等其他杂物要及时清理出来，并将杂物用包装袋装好待处理，防止杂物进入输送机或者配料系统，经常保持物料畅通，保证设备正常运转。

（7）在拖料过程中必须按保管员指定的区域进行拖料，要一堆堆、一片片地进行拖料，不准乱拖乱放，要保持原料库和进料口原料整齐有序。

（8）在进料过程中，如发现设备有异常情况，应立即停止进料，并及时通知中控室人员和班长以及维修人员进行维修。

（9）在进料过程中，如一种品种已经进料完毕，必须及时通知中控室人员。需要更换进料品种时，必须打扫好现场卫生，清理好包装物品，并通知中控室人员走空输送机内物料，从而尽量减少开空机的时间。

（10）配料工在倒袋时，一定要把包装袋内的原料倒干净，使其残留物小于千分之一，从而节省原料费用。

（11）在进料过程中配料工应随时注意粉碎系统是否运行正常，并经常观察粉碎机电流和其他设备是否运转，防止因提升机和粉碎机等设备堵塞导致原料溢出料仓而影响正常生产。

Q114: 配料工下班前操作规程是什么？

（1）必须对初清筛、磁选筒等筛下物进行最后一次清理，并将堵机料和各种管道中的漏料清理干净，将进料口工作场地原料清理干净，并将本班未用完的原料堆放整齐，同时打扫工作现场和所分配的卫生区域环境卫生，保持工作现场整齐清洁。

（2）将料仓灌满，以便下一班开机时能及时生产出料。

（3）将进料时所空出来的编织袋和麻袋分品种按小捆 10 条、大捆 50 条捆好，然后送到指定地点交保管员验收，并按保管员的要求堆码好。

（4）认真填写本班次拖料和进料记录（包括各种原料使用量、日清月结单等）和原料进料统计报表，下班时将统计数据报告中控室当班人员，从而与当班生产记录一同存档，以便今后查阅。

（5）如有下一个班次接班，配料工必须做好与下一个班次的交接班手续，办交接手续时必须见人、见物、见记录。

（6）如果没有下一个班次接班，配料工要及时关掉车间所有电气设备和设施，并及时关门落锁。

Q115: 小料工生产前操作规程是什么？

（1）清理现场卫生，校验磅秤，以保证人工投料配料工作的准确性。

（2）检查原料的外观、质量和品种标识牌，抽查原料的标包重，防止在原料品种上出差错，特别应防止预混料出差错。

（3）及时与中控室操作员联系，在中控室操作员的监督下，在黑板上写出原料品种和每批的添加量，然后对每一种原料进行过秤。

Q116: 小料工生产过程中操作规程是什么？

（1）小料工在称料之前要对一些结块的原料进行敲碎，从而确保产品的均匀混合。

（2）当一个品种配料完毕后，投料员要对现场进行清理，特别是对配料秤要清扫干净，以免影响下一种原料的秤配。

（3）在中控室操作员的监督下，对每一种原料均进行过秤，然后投入混合机中，并及时在黑板上进行计数。

（4）小料工在每倒入一批料进入混合机后，每次都要对投料口进行清扫，并进入混合机中，以确保本批配方的质量。

（5）小料工在每倒入一批料进入混合机后，要及时解除投料信号，从而让中控室操作员及时了解小料工投料状况。

（6）按照品管部人员的规定，及时向混合机中投入返机料。

（7）当某一种产品生产结束后，需重新配制另一种产品时，必须再次与中控室操作员联系，在中控室操作员的监督下，及时记录上一批产品累计投料数量，并再次在黑板上写出需重新配方的产品原料品种和每批添加量。

（8）小料工在更换产品时，必须再次在中控室操作员的监督下，对每一种原料均进行过秤，然后投入混合机中，并及时在黑板上进行计数，并重复以上操作过程。

（9）在生产过程中，小料工要接受班长以及质检员的不定期抽查和询问，从而保证产品人工投料的准确性。

（10）本班次手工配料工作完成后，小料工要认真核对本班次所领原料数，清点原料库存数，从而核对本班耗用数，做到计划用料与实际耗用相符。如果发现有不符的地方，要及时查找原因，并报告班长和生产主管，同时做好记录。

Q117：小料工下班前操作规程有哪些？

（1）认真填写本班次投料记录（包括生产品种、各种原料使用量、每个品种的生产批次、日清月结单）等，下班时交中控室，从而与当班生产记录一同存档，以便今后查阅。

（2）及时打扫现场卫生，保持生产现场整齐清洁，并将人工配料所空出来的编织袋和纸袋分品种按小捆10条、大捆50条捆好，将空油桶内残油清理干净，然后将所有包装物品送到指定地点交保管员验收，并按保管员的要求堆码好。

（3）将本班未用完的原料堆码整齐，该扎口的要及时扎口，从而防止原料受潮和结块，杜绝不必要的损失。

（4）如有下一个班次接班，小料工必须做好与下一个班次的交接班手续，办交接手续时必须见人、见物、见记录。

（5）如没有下一个班次人员接班，小料工要及时关掉车间所有电气设备和设施，并及时关门落锁。

Q118：台秤使用与维护保养规程是什么？

（1）台秤由使用岗位指派专人管理，不准任意摆弄和随意卸下或松动台秤上的零部件，使用完毕应清洁干净，放在指定的干燥地点。

（2）称量物品时，应将物品放在台面中央位置，并注意轻放轻拿，以免影响准确性和损失零部件，推移台秤时要关闭磅尺开关，避免损坏刀口，移动后应放平稳，并进行磅尺平衡检查，然后再使用。

（3）每次称量前应清除台秤表面杂物，用标准砝码进行校对，连续使用多次后在中途要进行杠杆平衡检查，以使其保持准确。

（4）应使用与本秤相配套的标准秤砣及游砣；称量时切勿超过该台秤的称量负荷范围，也不宜称小于其误差值的物品。

（5）台秤的秤砣和托盘应妥善保管，注意清洁完整，不应做其他用途，非专业人员不得随意拆卸游砣，以免失去原有准确性。

（6）如果台秤须远距离移动，应抬起运送或用车辆运送，但要注意防止计量杠杆碰撞变形而影响计量精度。

（7）台秤使用中如发现不准确、不灵敏或零部件损坏时，应及时送计量修理部门修理，经检定合格后方可使用。

（8）计量器具非正常使用造成损坏的追究使用者经济责任。凡属客观原因造成丢失或损坏的由责任者写出书面报告，经部门经理签字批准后报损；如查不出责任者，由所在班组集体负责赔偿。

Q119：制粒和膨化工岗位职责有哪些？

（1）了解生产计划，严格按操作规程操作制粒和膨化设备，保证高效、安全生产。

（2）根据生产品种的更换，及时做好相应环模的更换，确保每个生产品种采用正确的环模孔径、筛网尺寸和破碎机轧距。

（3）负责制粒膨化系统喂料器转速、制粒气压、温度、电流等的调节和控制，保证制粒膨化质量及效率。

（4）了解本系统设备结构、性能，配合维修人员对本系统设备进行维修与保养，工作中能及时发现问题、解决问题。使设备正常运转，保证制粒机、膨化机满负荷运转，确保产品质量。

（5）按时保养设备，确保设备正常工作。根据制粒情况，及时、有效填写"制粒机运行记录表";根据膨化机运转情况，及时、有效填写"膨化机运行记录表"。负责与下一班进行岗位交接。

（6）提高质量意识，爱护设备，生产中密切与其他各岗位的联系与协作；细心观察设备运转状况及成品感观质量，发现异常及时处理，严禁野蛮操作。

（7）熟悉工艺流程，强调安全生产，严格按照规程操作。掌握本岗位操作方法和技巧，不断学习与创新，努力使设备达到最佳状态，以达到低耗高效之目的。制粒完毕清理制粒室，回机料及时交小料工处理。

（8）负责责任区域卫生的打扫及维护工作，确保设备表面和周围地面无灰尘、污渍。工具整齐摆放，不得丢失。

（9）配合中控室、联系打包班做好本职工作，认真完成上级主管交办的其他工作。

Q120: 制粒和膨化工的日常工作流程是什么？

1. 制粒工岗位日常工作 了解当班生产计划→装相应环模、压辊→清理制粒机内残留物料→检查制粒设备是否正常→打开气动阀门→启动制粒系统设备（注意根据流程从后往前依次启动，并及时打开蒸汽）→检查粉料温度，调制情况→关闭排料把柄，进行制粒→转速、气压、温度、电流的调节与控制→关闭制粒系统（注意根据流程从前往后依次关闭，并及时关闭蒸汽）→用含油粉料对环模进行清理和维护→填写制粒机运行记录表→责任区域卫生打扫及工具整理归位。

2. 膨化工岗位日常工作流程 了解当班生产计划→安装膨化机零件→清理膨化机内残留物料→检查膨化设备是否正常→打开气动

阀门→启动膨化系统设备（注意根据流程从后往前依次启动，并及时打开蒸汽）→检查膨化温度，膨化程度→进行玉米等原料的膨化→转速、气压、温度、电流的调节与控制→关闭膨化系统（注意根据流程从前往后依次关闭，并及时关闭蒸汽）→填写"膨化机运行记录表"→责任区域卫生打扫及工具整理归位。

Q121：制粒机的基本结构是什么？

目前应用最广的制粒机包括卧轴环模式制粒机和立轴平模式制粒机。它们主要由喂料系统、搅拌系统、制粒系统、传动系统、过载保护系统等 5 部分组成。

1. 喂料系统　喂料系统相当于一个螺旋输送器，它由壳体、螺旋轴、轴承座、电机组成，通过绞龙轴的旋转将待制粒仓中的粉状物料输送到搅拌器中。

2. 搅拌系统　搅拌系统为桨叶螺旋，它由筒体、桨叶、搅拌轴、轴承座、减速器、电机等组成。搅拌系统内可以添加蒸汽、糖蜜，对物料起调质混合作用，所以搅拌系统也叫作调质系统。

3. 传动系统　制粒机主传动系统一般有两种，一种为齿轮传动型，另一种为皮带传动型。齿轮传动型制粒机由主电机输出动力，经联轴器，使齿轴随电机同轴运转，再经对齿轮减速后，带动空轴连同压模一起旋转。皮带传动型制粒机由主电机输出动力，通过皮带轮减速，带动压模旋转。

4. 制粒系统　主要工作部件为压模、压辊。

压模是具有许多均布小孔的模具，制粒过程中，物料在压模与压辊的强烈挤压下强制通过压模小孔。所以，压模应具有较好的强度和耐磨性。常见的模孔形式有直形孔、阶梯形孔、外锥形孔和内锥形孔。

压辊是用来向压模挤压物料并从模孔挤出成型。为防止"打滑"和增加攫取力，压辊表面采用增加摩擦力和耐磨的措施，通过采用在压辊表面上按压辊轴向拉丝。正确调整压辊间隙可以延长环膜和压辊的使用寿命，提高生产效率和颗粒质量。调整要求如下：将压辊调到当环膜低速旋转时，压辊只碰到环膜的高点。这个间隙使环膜和压辊间的金属接触减到最小，减少磨损，又存在足够的压力使压辊转动。

平模制粒机与环模制粒机结构基本相似，而制粒系统有所差异。环模制粒机的压辊压模任意接触点的线速度是相等的，而平模制粒机的压辊压模任意接触点的线速度沿压辊轴径方向是不等的。但从工作原理上说又是相同的，当环模直径趋向无穷大时，平模就成为环模的一种特殊形式。

5. 过载保护系统　主要有安全梢、摩擦盘两种形式。当有异物进入压制室或物料流量过大时，压模与压辊间的压力超过正常工作压力，主轴承受的扭矩超过正常扭矩，此时折断安全梢（或使摩擦盘转动），触动行程开关，使之发出信号，切断电源，从而保证制粒机的其他零部件不受损坏，起到了过载保护的作用。

Q122：环模制粒机的安全操作规程是什么？

操作规程是指导生产工人对生产设备进行操作的一些规定和注意事项，它把科学的先进的操作方法和各种设备的指标要求用文字规定下来，工人在生产中必须严格执行操作规程。

环模制粒机的安全操作规程是按照通用操作规程并结合制粒机的特点而用文字规定下来的，是制粒机操作前所必须熟悉的知识。

制粒机的安全操作规程如下。

1. 开车前的准备工作

（1）穿紧身工作服，袖口不要敞开，戴防护帽和防尘口罩，操作时必须精力集中。

（2）熟悉制粒机的工作原理及各部位的结构与功用，牢记各部位的安全标记，在操作过程中注意对照执行。

（3）按制粒机提供的润滑图加润滑油，压辊内的油脂可在正常生产后注入，因为这时压入较为容易，生产操作过程中也应时常加油润滑。

2. 操作前的准备工作　按照制粒机的操作说明书对制粒机各部位进行严格的检查和调整，包括以下几个方面。

（1）制粒机上口的磁铁要每班清理一次，如果不清理饲料中的铁质可能进入制粒机环模，影响制粒机的正常工作。

（2）检查环模和压辊的磨损情况：压辊的磨损能直接影响生产能力，环模磨损过度，减少了环模的有效厚度，将影响颗粒质量。

（3）定期给压辊加润滑脂，保证压辊的正常工作。

（4）检查冷却器是否有物料积压，检查冷却器内的冷却盘或筛面是否损坏。

（5）破碎机辊筒要定期检查，如辊筒波纹齿磨损变钝，会降低破碎能力，降低产品质量。

（6）每班检查分级筛筛面是否有破洞、堵塞和黏结现象，筛面必须完整无破损，以达到确实的颗粒分级效果。

（7）检查制粒机切刀：切刀磨损过钝，会使饲料粉末增加。

（8）检查蒸汽的汽水分离器，以保证进入调制器的蒸汽质量。不然会影响生产能力和饲料颗粒质量。

（9）换料时，检查制粒机上方的缓冲仓和成品仓是否完全排空，以防止发生混料。

3. 开机顺序及制粒调整

（1）电机必须先进行空载启动，然后才能负载启动，严禁顺序倒置。

（2）电机启动顺序：主电机→调质电机→喂料电机及其他有关的机具，所有电机启动并运转正常后方可进料。

（3）通过观看主机电流及颗粒质量，及时调整喂料量及蒸汽量。一般调质器的调质时间在 10 ～ 20 s，延长调质时间可以起到以下作用：①增加淀粉糊化；②提高饲料温度，减少有害微生物；③改进生产效率，提高颗粒质量，蒸汽压力较低时，能很快地将热和水散发出去，为了提高调质质量，必须控制蒸汽压力。一般生产颗粒饲料可根据实际操作的需要，调整饲料的水分在 16% ～ 18%，温度在 75 ～ 85℃。

（4）对照颗粒的长度要求，调整切刀的位置。根据颗粒成型率调整网筛和原料粉碎粒度。用小于粒径 20% 的丝网筛筛分颗粒饲料，如颗粒饲料的粒径为 5.0 mm，则用 4.0 的丝网筛筛分。筛上物的百分比即可代表颗粒成型率。畜禽饲料的颗粒成型率其长度为其粒径的 1.5 ～ 3 倍。根据颗粒产品的粒度，决定原料粉碎的粒度要求。粒度太细加工速度低，生产效率下降；粒度太粗，颗粒成型率下降，颗粒易破碎。可根据不同用途来调整饲料的粒度，肉鸡饲料的粒度可大些，在 15 ～ 20 目即可。

4. 生产过程中的注意事项

（1）严禁在生产过程中随意打开门盖和侧盖，手勿伸进压制室及喂料器和调质器内，防止发生安全事故。

（2）在正常生产过程中，不得任意打开联轴器或皮带等的防护罩，以防意外事故的发生。

（3）由于调质器和下料槽及门盖上有高温，所以身体不能任意接触，以防烫伤，严禁生产过程中打开调质器上的手孔盖，防止蒸汽喷出烫伤身体。

（4）在停机检查压室时，应注意戴好头盔和手套，以防剩余蒸汽从进料口流出，造成烫伤。

（5）在维修喂料器和调质器时，应切断主机电源，以免电机突然启动，发生事故。

（6）在工作中，随时检查清除入机口处磁选器上的磁性金属。

（7）在生产中，密切注视，发现异常情况及时关机。

（8）经常注意加油润滑，特别是压辊轴内轴承应经常加油，防止烧坏。

（9）应经常注意制粒机各部位的调整，特别是压辊、压模之间间隙的调整。

5. 关机顺序及注意事项

（1）关机顺序，关闭待制粒仓的下料门→关闭喂料电机→关闭调质器电机及关闭蒸汽→关闭主机。

（2）按照操作说明，停车前喂入油性饲料。

（3）停机后，对制粒机进行检查，发现问题，应按照规定程序进行检修。

（4）停机后，做好设备的清理及环境的清洁工作，以防意外事故的发生。

（5）收拾好工具及材料，定点存放。

（6）做好交接班的记录。

Q123：膨化机的操作注意事项是什么？

（1）膨化机在生产过程中，绝不能超过主电机的最大载荷，为安全起见，总是要留10％的最小值，在电路中应当有自锁和保护功能，一旦主电机超载就要将喂料电机停止。

（2）在膨化机严重受阻塞时，应将膨化机套筒抱箍拆下进行疏通。拆卸过程中必须注意安全，防止碰伤事故发生。拆卸后如发现定位梢损坏，应及时更换。重新安装时，应检查下装配面是否干净，有无损伤和毛刺。当安装最后两个套筒时，定位梢处于对应的孔中，将套筒头逆时针旋转（面对压模出口），以便消除梢钉与孔之间的间隙。

Q124：制粒操作的流程是什么？

1. 开机前的准备　首先查看本班次的计划安排，了解上一班次的工作记录，查看待制粒料在仓中的分布情况，是否和生产计划及控制屏上的挂牌信号相符。然后彻底清理冷却器、关风器、管道及制粒机内部残留物（夜班开机前仅清理制粒机内部）。

根据生产品种，粗调制粒机切刀，检查或更换分级筛网面规格，若生产破碎料还必须粗调破碎机快慢辊间隙，以生产出合格的产品。

检查制粒机的导向刀、刮刀、压辊、环模，导向刀位置，若刮刀磨损严重，生产黏性较大的饲料，制粒机易堵塞。若压辊磨损严重，会出现少量杂色颗粒料。若环模不是用高速枪加工的，在使用前要用清糠和细砂混合物研磨30 min；若是用高速枪加工的不锈钢环模，不用研磨即可直接使用。但刚开始使用时，应少加蒸汽并放慢生产速度，运行 1 h 后即可完成磨合期。若环模因使用时间较长，内孔被压延时，可用慢速钻床重新扩孔，以延长使用寿命。接下来调整制粒机压辊与环模的间隙，让环模空转，压辊调为时转时停为好。至此，开工前的准备工作基本就绪。

2. 启动制粒系统并保持最佳状态　此过程操作不当会直接影响整个生产班次的产量及产品质量。

为了防止堵料现象的发生，按工艺流程从后向前顺序启动相关设备，启动顺序：将分配器或三通对准待制粒机→分级筛→提升机→破碎机→冷却器→制粒机。

启动制粒机主电机，不加入蒸汽，打开制粒机旁通门，让少许黑色颗粒料排到地面上。然后再启动调质器，让刚开始出来的少量粉料排到地面上，以防物料受潮卡住压辊；接下来慢速启动给料器，不加蒸汽，用干粉挤出环模中的陈料，并排到地面上，等挤出的颗粒料颜色正常后，再让颗粒料进入冷却器。

加入少量的蒸汽，同时给料器加速，使制粒机保持 50% 的负载，将地面上能用的料慢慢地喂入环模中，然后再提高喂料速度，使制粒机满负荷运转。

加大蒸汽量，等数十秒钟后，制粒机主电机电流有所回落，再次提高喂料速度，让制粒机再满负荷。然后再加大蒸汽量，等数十秒钟后，制粒机主电流再次回落，反复多次，直到加入蒸汽，制粒机主电流不回落，此时表示粉料水分已达最大，制粒机已满负荷。满负荷表示制粒机主电流达到 90% 额定电流。

打开制粒机人工喂料门，用手抓起调质后的粉料，感到发烫再松开，物料成团状，轻轻压后自然散开，若物料太黏稠，应减小蒸汽量；反之，物料太松，则增大蒸汽量。用勺子从制粒机下料管取一些刚制好的热料，放在拇指与食指中间挤压，以能压扁而不松散为好。

观察制粒机电流表，若电流表指针不再大幅度左右摆动，表示整个制粒系统处于最佳稳定状态。用 10 min 时间清理制粒机周围的环境以保持清洁。

3. 检查生产过程并记录各生产参数　检查颗粒料的温度；取颗粒料作耐久性试验，检查成品的含粉率；检查破碎辊间隙；检查离心集尘器的回料管是否堵塞。以上工作每 1 h 进行一次。

记录各种生产参数，如生产时间、物料温度、耐久性、含粉率、生产品种、生产吨数、效率等。注意控制屏，协调好包装和制粒，以便及时回入前后袋，及时发现各类问题，及时处理，减少损失。例如及时检查料中含粉料是否过高、料温是否超标等。

4. 停机　停机顺序与开机相反，按工艺流程从前向后顺序关停相关设备。当待制粒仓低料位器显示无料时，打开制粒机人工喂料门，观察入料口料流情况。当料流明显减少时，让冷却器人工放料，增加回机料流量，这样制粒机入料口的料流量增加以保证制粒质量。此刻要注意回机料管是否堵塞：若回机料管堵塞则停止冷却器，人工放料并开回机料；若回机料管没有堵塞，则等待观察入料口入料情况。

开完回机管中的料，等数分钟后，再放完冷却器中的料，这样可保持回料管中只有极少的回机料，可减少对下次生产的污染。

停止蒸汽供给并停止冷却器放料，关闭喂料器、调质器，然后用清糠或膨化大豆清洗环模，再关闭制粒机主电机。检查制粒系统流程：即检查冷却器、破碎机、提升机、回机料管、离心分离器、分级筛等是否有积料。最后关闭制粒系统总电源，并做好清理工作。

Q125：制粒过程中的调质技术有哪些？

猪鸡饲料一般含有较多的玉米，淀粉含量高，而粗纤维含量较低。因此，颗粒饲料的大小和强度取决于调质技术，用热和蒸汽软化原料，以提高饲料的制粒性能。在调质过程中，饲料中的淀粉会发生部分糊化，糊化的淀粉起黏合作用，提高了饲料的颗粒成型率。

一般调质器的调质时间在 10 ～ 20 s，延长调质时间可以：①增加淀粉糊化；②提高饲料温度，减少有害微生物；③改进生产效率，提高颗粒质量，蒸汽压力较低时，能更快地将热和水散发出去，为了提高调质效果，必须控制蒸汽压力。一般生产颗粒饲料可根据实际操作的需要，调整饲料的水分在 16% ～ 18%，温度在 75 ～ 85℃。

Q126：制粒时对颗粒的要求是什么？

1. 颗粒成型率　用小于粒径 20% 的丝网筛筛分颗粒饲料，如颗粒饲料的粒径为 5.0 mm，则用 4.0 mm 的丝网筛筛分。筛上物的百分比即可代表颗粒成型率。畜禽饲料的颗粒成型率要求大于 95%，鱼虾饲料的颗粒成型率要求大于 98%。

2. 颗粒长度　直径在 4 mm 以下的饲料颗粒其长度为其粒径的 2 ～ 5 倍，直径在 4 mm 以上的饲料颗粒其长度为其粒径的 1.5 ～ 3 倍。

Q127: 制粒工安全操作规程是什么？

（1）缓慢开启蒸汽阀门，分三步将蒸汽阀门完全打开。

①先将蒸汽阀门拧开一点，听到管道中有轻微的蒸汽通过即可。利用这部分蒸汽可以预热管道，可以将管道中残存的冷凝水推出蒸汽管道。

②待管道不再抖动后，再将阀门打开一点，让蒸汽压力逐渐填充管道内部。

③ 10 min 后再将蒸汽阀门开至需要部位。

（2）需要对冷却器、提升机底部进行清理时，要通知中控室，严禁私自开启相应设备。

（3）在更换分级筛前需提前通知中控室，并且至少有 2 人以上共同更换分级筛。

（4）严格遵循"先启动、后喂料"的破粒机启动原则。

（5）严格按时按量对制粒机各部位进行润滑。

（6）开机前检查紧固件是否可靠，特别是压制室内的螺丝、锁母，检查确认正常后才能开机。

（7）堵机后，应清净堵机料后才能启动。

Q128: 制粒工安全操作如何确保人身安全？

（1）制粒机开启后，严禁用铁棍拨压制区里的物料，以免造成伤害。如要清除物料，须等制粒机停稳以后，用适宜工具清除。

（2）远离蒸汽系统，以免造成伤害。

（3）更换环模和压辊时，需要至少 2 人共同作业，并防止脱落砸伤。

Q129：中控工的工作职责是什么？

（1）配合生产主管工作，组织车间班组的运作，执行生产计划，确保生产任务的正常完成。

（2）指挥、协调各生产工序的衔接，检查、督促各岗位（特别是小料、油脂添加）工作，提高工作效率、工作质量和设备利用率，降低生产成本，确保产品质量。

（3）熟悉并掌握一定的动物营养学和饲料加工知识，负责检查、核对、执行配方，做好配方保管和保密工作。

（4）熟悉生产加工工艺和各产品规格及加工要求，科学合理地安排生产顺序，严格按生产工艺流程和操作规程操作，密切联系各岗位，及时发现问题解决问题。

（5）熟练掌握中控室操作系统并具备一定的电脑知识，维护保养中控室设备，努力钻研学习，会排除一般故障或为排除故障提供准确信息。

（6）准确了解各种生产数据，负责生产记录上报和有关生产资料留存，详细、认真、如实填写岗位记录，负责与下一班组进行岗位交接。

（7）负责中控室安全与卫生，杜绝非工作人员进入，确保安全文明生产。

（8）协调各班组、配合品管员做好本职工作的同时，认真完成上级主管交办的其他工作。

Q130：中控工的日常工作流程是什么？

熟悉当班各品种生产计划→了解前一班组生产情况→开启电

源、电脑设备→启动空压机、干燥机→检查各设备是否正常运转→
启动进料流程段设备，安排相关人员进行投料（注意根据流程从后
往前依次启动）→启动粉碎流程段设备进行原料粉碎→根据生产品
种选择配方进行配料→通知制粒工开机进行制粒→通知成品线进行
成品打包工作→关闭各生产流程段及设备→关闭电脑、电源（注意
根据流程从后往前关闭）→打印相关表、填写相关工作记录表→责
任区域卫生打扫及工具整理归位。

Q131：中控岗位的操作规程有哪些？

1. 生产前操作规程

（1）认真做好与上一班次交接工作，了解上一班次生产情况和
设备状况，查看上一班次生产记录，协助上一班次人员处理好遗留
问题，为本班次正常生产做好一切准备工作。

（2）了解本班次生产任务，按生产班长的生产指令，核对相关
的生产配方，向料仓监控员询问各料仓（含成品仓）的物料是否与
生产记录相符。

（3）核对控制屏上仓料标记是否与生产记录相符，检查电器元
件和信号灯是否正常。

（4）核对本班次生产的产品配方及原料仓仓储情况，签发进料
单、小料单、制粒通知单、打包通知单和领料通知单等。

2. 生产过程中操作规程

（1）生产前必须先对每台机器设备进行试运转，查看有无异常
情况和故障，如发现有异常情况和故障，应立即通知当班班长和维
修人员，进行停机检修，并协助班长和机修工、电工等对设备进行
维护管理。

（2）严格执行配方输入操作规程，并妥善保管好有关配方通知书。

（3）严守工作岗位，严格遵守安全操作规程，按照车间生产工艺要求启停各种设备，密切注意操作台各种信号及电流表变化，及时对各工序、各工种通报设备运转情况，防止设备超负荷运转，保证安全生产。

（4）经常注意料仓内所进原料品种是否与标示牌一致，发现混仓现象立即停机，及时通知原料投料工停止进料，并将已发生的混料情况报告班长和品管部门，按品管部门的意见进行返机处理。

（5）经常与各工种、各工序员工联系，及时掌握原料和半成品以及产成品质量情况，并按质量、工艺控制网络流程及时调整有关参数。

（6）当料仓需要更换不同物料时，必须由当班班长签发命令，然后才通知料仓监控员进行操作和切换料仓。

（7）在生产过程电脑控制一般不准用手动控制，必须遵守"开机先前路，再后路，停机先后路，再前路"的原则，尽量缩短设备空载运转时间，提高工作效率和降低能源消耗。

（8）在更换产品品种时，应及时通知各工序、各工种人员，并另行签发进料单、小料单、制粒通知单、打包通知单和领料通知单等，防止工作失误导致产品质量事故发生。

（9）严格遵守生产现场保密措施，非工作人员不得进入控制室内，凡有外来人员进入控制室必须报部门主管以上领导批准。

（10）经常打扫控制室环境卫生，清除各种电气设备和电脑上的灰尘，保持控制室整齐清洁。

（11）认真填写生产记录和工作日记，详细记载本班次生产配方名称、批次，原料耗用，并在下班时及时打印出来，并如实记录生产过程中出现的各种故障及排除办法等。

（12）严格按生产计划如期如质完成生产任务，不得因超过下班时间就私自停机走人。

3. 下班前操作规程

（1）下班前必须将控制室现场进行整理，打扫现场卫生，保持现场整洁，并整理、保管好配方和原始工作记录。

（2）如果有下一班次控制室员工接班，必须办好交接班工作手续，办交接手续时必须见人、见物、见记录。

（3）本班次任务完成后，要将进料、配料、投料，按缝包岗位上报的统计资料及时收集整理和统计，并将统计数据和当班工作记录及时报告班长。

（4）如果没有下一班次接班则必须关闭由控制室控制的所有系统设备电路开关和照明等；人离开时关好控制室窗，锁好控制室门等。

Q132：中控岗位维护保养有哪些注意事项？

（1）中控室是生产车间的核心，必须保持控制电器的清洁和室内卫生，严禁外人进入。

（2）中控室内控制电器每周须用气源进行一次清理，指示灯及仪表必须保持灵敏可靠。

（3）配料秤必须保持不卡不碰、清洁卫生。保持秤斗内无积料死角，每周用气源清理一次；定期检查秤门密闭情况并对各动作机构进行检查、润滑与保养。每班生产前自行检测称量精度一次，每季用标准砝码校验一次，全年配合标准计量部门年检一次。

（4）按照保养规程定期清理油脂添加机粗精过滤器、输油管路及喷雾头，检查输油管路及阀件的密封情况，杜绝"跑、冒、滴、漏"现象。每季校验一次流量计精度。

（5）定期检查其他附属设备状况，并按规定进行日常维护与保养。

Q133：刮板输送机常见故障与排除方法是什么？

刮板输送机常见故障与排除方法见表13。

表13　刮板输送机常见故障与排除方法

故障现象	产生原因	排除方法
堵塞	后序设备发生故障	关闭进料门，排除后序设备故障
	进机流量突然增加	清除入口过多存料，控制流量
	传动设备故障	排除传动故障
机内发生异声	异物进入机内	停机处理，清除机内异物
	刮板与链条连接松动	停机、紧固
	缺少润滑油、脂	加够润滑油、脂
轴承发热	油孔堵塞，轴承内脏物	疏通油孔，清洁轴承
	轴瓦或滚子损坏	更换新的轴承或轴瓦
	轴承装配不当	重新安装、调整
刮板链条跑偏	输送机安装不良 ①料槽不直度过大 ②头尾轮不对中 ③轴承偏斜	检查、调整或重新安装
	料槽可能变形	料槽整形
	张紧装置调整后尾轮偏斜	重新调整张紧轮

续表

故障现象	产生原因	排除方法
刮板链条拉链	强度不够	校核强度
	硬物落入料槽卡住链条	排出杂物
	链条制造质量差	检查更换
	链条磨损	更换
	超载	均匀加料
刮板拉弯断裂	料槽不平直	检查安装质量
	法兰处错位	检查安装质量
头轮刮板链条啮合不良	头轮偏斜	检查调整
	料槽安装不对中	检查调整
	链条节距伸长	更换
	头轮齿轮磨损	修复或更换

Q134：螺旋输送机常见故障与排除方法是什么？

螺旋输送机常见故障与排除方法见表 14。

表 14　螺旋输送机常见的故障与排除方法

故障现象	原因	排除方法
堵塞	后续设备发生故障	关闭进料门，切断动力
	进机流量突然增加	打开出机溜管操作孔盖板，排
	出机溜管异物堵塞	出机内存料
	传动设备故障	针对故障原因采取措施
		①排除后续故障
		②清除入口处过多的存料，控制进机流量
		③清除出机溜管异物
		排除传动故障
机内发生异声	异物进入机内	停机处理
	螺旋叶片松动或脱落	清除机内异物，紧固零件
	悬挂轴承松动	紧固零件

故障现象	原因	排除方法
轴承发热	缺少润滑油、脂 油孔堵塞，轴承内有异物 轴瓦或滚子损坏 轴承装配不当	加够润滑油、润滑脂 疏通油孔，清洗轴承 更换轴承或轴瓦 重新安装调整

Q135：永磁筒磁选器常见故障与排除方法是什么？

永磁筒磁选器常见故障与排除方法见表 15。

表 15　永磁筒磁选器常见故障与排除方法

故障现象	原因	排除方法
堵塞	筒内有异物 磁体表面吸附物过多	清除异物 清洁表面
除铁效果差	料流过快，冲击力大 料流跑偏 永磁体性下降	上设缓冲装置 校正上料管，使其垂直 充磁或更换磁块

Q136：锤片粉碎机一般故障及排除方法是什么？

锤片粉碎机一般故障及排除方法见表 16。

表 16　锤片粉碎机一般故障及排除方法

故障现象	故障原因	排除方法
粉碎机强烈震动	电机转子、粉碎机转子及轴承器三者连接不同心、不平衡 锤片安装排列有误 对应两组锤片质量差过大 个别锤片卡住，没有甩开 转子上其他零件不平 主轴弯曲 轴承损坏	调整电机位置，使两转子同心，校正粉碎机转子同心度，正确安装联轴器 按锤片排列图重新安装 重新调换锤片，使每组质量差不超过 5 g，使锤片转动灵活 平衡转子 校直或更换新轴 更换轴承

故障现象	故障原因	排除方法
轴承过热	主轴与电机中心不同心 润滑脂过多、过少或不良 轴承损坏；主轴弯曲或转子不平衡；轴承盖与轴的配合过紧或轴承与轴配合过紧或过松	调整电机中心使其与主轴同心 换润滑脂，按规定加油 换新轴承；校直主轴，平衡转子；拆下轴承重装，若轴承损坏应更换
粉碎机堵塞	进料速度过快 出料管道不畅或堵塞 风机工作不正常或出料管道漏风 锤片折断、磨损或筛片孔封闭、破烂	减少喂入量，并均匀喂料 清理通风口 检查风机和出料管道，并排除故障 停机清除异物，根据破坏情况修补或更换锤片和筛片
粉碎室内有异常响声	铁石等硬物进入机内 机内零件脱落或损坏 锤筛间隙过小	停机清除硬物 停车检查，更换零件 使间隙符合规定尺寸
电机启动困难	电压过低 导线截面积过小 启动补偿器过小 保险丝易烧断	躲过用电高峰再进行启动 换适当的导线 换大启动补偿器 换与电机容量相符的保险丝
电机无力过热	电机两相动转 电机绕组短路 长期超负荷	接通断相，三相运转 检修电机 额定负荷下工作
控制回路问题	交流接触器触头断相或短路 热继电器的热元件损坏、误动作或不动作 时间继电器延时不准或不延时	检查触头接触情况，拧紧连接螺丝，清除接触器灰尘 更换烧断的热元件，调整定值，使之恰当 修理和调整

Q137: 粉碎机控制给料器的故障与排除方法是什么?

粉碎机控制给料器的故障与排除方法见表 17。

表 17 粉碎机控制给料器的故障与排除方法

故障现象	故障原因	处理方法
电流表、数显不指示	电流互感器没有 220 V 进线电源	次级无阻值则损坏,更换检查连接线
气动薄膜阀不动作或放料闸门打不开	增料、断电保护电磁阀不动作或 J3 触点失灵 PLC 短接线脱落	检查接线,电磁阀是否损坏,13 触点是否正常,如坏则更换
	气压不够	连接牢
	电磁阀或管道漏气	增加气源压力
	手动放料手柄锁紧	检查、修理或更换
	放料门或摇杆紧定螺钉松动	放松锁紧螺母
	防堵料位器反应	将防堵料位器调节正常
放料闸门开了后关不掉	减料电磁阀不动作	检查连接线及电磁阀,坏则更换
	排气节流阀调得太慢	调整快一点
三只电磁阀均不动作	1.5 A 保险丝断	更换
仪表开机无电源显示	0.5 A 保险丝断 无进线电源	更换 检查进线电源
仪表在保持状态时(增、减料电磁阀均不动作时)		
放料闸门慢慢打开	增料电磁阀漏气	拆下芯子清洗检查密封圈
放料闸门慢慢关闭	减料、断电保护电磁阀漏气 气动薄膜阀漏气或气管接头漏气	拆下芯子清洗检查密封圈 检查气动薄膜阀密封圈或气管接头处
进风门不动作	粉碎机配套风机未启动 重锤偏心距大 粉碎机配套吸风量不足	启动风机 调小偏心距 调整吸风量或更换配套风机
除铁效率下降	磁场强度下降	磁铁充磁或更换

Q138: 配料秤设备常见故障及排除方法是什么?

配料秤设备常见故障及排除方法见表 18。

表 18　配料秤设备常见故障及排除方法

故障现象	产生原因	排除方法
秤头皮重超重报警	秤斗残留量超过程序设定值	轻拍秤斗,开关秤斗数次
秤头闸门开关故障	闸门没关,气压不足或电动机没转	调节气压或检查线路
	闸门上行程开关损坏	检查或更换行程开关
	闸门开关时撞不到行程开关	调整行程开关的位置
配料时电动机或闸门不动作	相应的接触器吸合,电动不转,缺三相电源	提供三相电源
	相应的接触器不动作,线头松或缺单相电源	检查线路或提供单相电源
	相应的固态继电器损坏	更换固态继电器
	气缸不动作	检查电气线路、电磁筒,调整气压
配料秤显示数值波动	传感器连线接头焊不牢	重新焊接好
	传感器损坏	检查更换传感器

Q139: 卧式螺带混合机常见故障及排除方法是什么?

卧式螺带混合机常见故障及排除方法见表 19。

表 19　卧式螺带混合机常见故障及排除方法

故障现象	产生原因	排除方法
出料门关不严,漏粉	出料门和机壳接触不均	拧动插壁上螺杆,调节门的位置
	密封垫老化	更换密封垫
	下料口堵塞	清除堵塞
	行程开关松动,位移	调整行程开关位置

故障现象	产生原因	排除方法
出料门失灵	行程开关和撞杆位置不对 电动推杆螺杆卡死 行程开关失灵，损坏 气动系统供气不足或漏气 气阀损坏 气缸故障	调整位置 检修螺杆 修理或更换行程开关 调整气压、排除漏气 更换气阀 检修气缸
混合均匀度下降	混合时间不合适 丢转 装料充满系数不合适 螺带磨损变形 转子缠绕物太多	调整混合时间 张紧链条 按额定批量生产 修复或更换 清除
转子不转动	带负荷启动 电源跳闸 大块杂物卡住螺带 传动链太松或配套动力不足 过载	注意空载或轻载启动 检修电器 停机清除杂物 张紧链条或提高生产动力 按额定批量生产
主轴断	长时间超负荷运转 堵塞，闷车	避免过载运行 清除堵塞
减速器杂音大或漏油	轴或轴承损坏 密封圈损坏	修复或更换 更换
螺带刮壳体	大杂物进入，螺带变形 主轴移位	清除杂物，修复螺带 调整，锁紧轴承座
主轴两端漏粉	密封螺母松动 密封圈损坏	拧紧 更换

Q140：制粒机常见的故障原因和排除方法是什么？

制粒机常见的故障原因和排除方法见表20。

表 20 制粒机常见的故障原因和排除方法

故障现象	故障原因	排除方法
原料能正常进入压制室，但压不出粒	模孔堵塞	用相应钻头打通模孔或用油塞冷却后挤压
	物料水分太多或太少	正确调整蒸汽量
	压辊间隙太大	调整压辊间隙
	喂料刮板损坏	更换喂料刮板
无原料进入压制室	存料斗积存	破拱
	喂料器异常	抽出绞龙清理
安全梢剪断，或摩擦离合器转动（SZLH35 制粒机）	压制进入硬质异物	清除异物，更换安全梢或离合器重新复位
主机不启动	压制室内积料未清除	清除积料
	电路异常	排除电路故障
噪声、振动剧烈	轴承磨损失效	更换轴承
	压模与压辊磨损严重	更换压模与压辊
	压模与压辊间隙太小	调整间隙
	搅拌器与绞龙内有异物	抽出绞龙轴或搅拌轴清理
	有小硬质异物被压入模孔内	清除压模内异物
	主轴轴承太松	收紧主轴轴承
压辊串动现象或晃动现象	主轴后压盖上蝶形弹簧失效或压盖紧定螺钉松动或主轴后端圆螺母未收紧	拧紧定螺钉
		更换蝶形弹簧
		收紧主轴后端圆螺母
颗粒过松	压模规格不适于饲料配方	如不能改变配方，可改用模孔的有效长度较长的压模
漏油	油封损坏	更换油封
主轴头部温升过高	主轴轴承收得太紧	适当放松螺母
齿轴端部轴承温升过高	油封压得太紧	放松油封压板
减速器噪声大	减速器润滑不良	加注润滑油或拆洗换油

续表

故障现象	故障原因	排除方法
空轴传动轮连接处安全梢剪断	圆柱梢孔变形	重新扩孔，并改制圆柱梢孔，用大一号圆柱梢装上去；重新换一个位置加圆柱梢孔，装上圆柱梢

Q141: 膨化机的常见故障及排除方法是什么？

膨化机的常见故障及排除方法见表 21。

表 21　膨化机的常见故障及排除方法

故障现象	故障原因	排除方法
加工大豆时膨化腔出料口不出料	出料螺塞与主轴紧固螺栓锥面距离太小	将螺塞与紧固螺栓锥面紧后松 4～5 圈
加工大豆时，豆粉太粗或有较多整粒半粒大豆	出料腔螺塞与紧固锥面距离太大 出料腔螺塞孔径太大	将螺塞与紧固螺栓锥面贴紧后松 4～5 圈 换上孔径较小的螺塞
加工料堵塞不出料 出糊状稀料	供水压力大，给水量太小 供水压力及给水量太大	调整流量并保证水压 0.35 MPa 左右
膨化大豆颗粒大，膨化粉料温度低，效果不佳	压力环或磨损环磨损严重 螺杆磨损	更换压力环或磨损环 螺头掉头或更换
正常工作后突然不出料	出料孔被金属杂质堵塞	停机清除模孔中的金属杂质
膨化颗粒大小不均	模孔大小不均	配置适当尺寸的模孔
膨化颗粒长短不一	切刀速度太高或太低	调整切刀速度
加工大豆时，豆粉从进口反喷	进料过快、过多，或出料不畅、堵塞	控制好进料速度，将出料螺塞与紧固螺栓锥面贴紧后松 4～5 圈
膨化粉料断口处不均匀	切口刃口破损或切刀与模板间隙过大	更换刀片、调整间隙

Q142: 塔式冷却器的故障原因与排除方法是什么？

塔式冷却器的故障原因与排除方法见表 22。

表 22 塔式冷却器的故障原因与排除方法

故障现象	故障原因	排除方法
振动排料电机不启动	振动电机损坏 水银开关料位器损坏 电路有故障 水银开关没接通	更换振动电机 更换水银开关料位器 检查并排除电路故障 预先将水银开关转过一定角度，使之能接通
振动排料斗旋转振动而不是水平往复运动	只有一台电机振动 振动电机偏心块重合度不一致 电路有故障	更换另一台振动电机 重新调整振动电机偏心块 检查并排除电路故障
冷却筒 I 底层 4 路筛面不能全部下料，冷却效果差	不下料的筛面上的物料阻力大，下料的筛子上的物料阻力小	调节匀料板，改变匀料板与筛面的夹角，从而增加或减少筛子上物料的阻力，使 4 路筛面均下料
冷风气流短路	冷却筒内料没有堆满，提前振动排料	调节水银开关料位器，使冷却筒内物料堆满后再振动排料
	吸风管出料斗处关风门损坏或主向装反	检修或更换关风门
冷却效果不佳，温度高、水分高	颗粒进机水分高 冷却器无法适应制粒机产量 机头内高温蒸汽多 吸料回料较多 底层 4 路筛面不能全部下料	降低进机颗粒水分 增加冷却层数，增大冷却容积，延长冷却时间 吸掉机头中的高温蒸汽 减少吸料 调节匀料板，使每路筛板均衡下料，保证冷却效果

Q143: 破碎机常见故障及排除方法是什么？

破碎机常见故障及排除办法见表 23。

表 23   破碎机常见故障及排除办法

故障现象	故障原因	排除方法
出机粒度大，破碎大小不均匀，有未破碎现象	轧距过大，两轧辊不平行，间隙大，漏料	调整轧距，调整轧辊的平行度
粉末比例大	轧距过小，辊齿磨损过大，进机颗粒硬度低，黏结性较差	调整轧距，调整轧辊的平行度
轧辊单边工作，进粉偏置于一面闷车	进料过于集中一处，进料过多，过猛	使进料均匀，减少进料

Q144: 振动筛常见的故障现象、产生原因及排除方法是什么？

振动筛常见的故障现象、产生原因及排除方法见表 24。

表 24   振动筛常见的故障现象、产生原因及排除方法

故障现象	故障原因	排除方法
筛体振动异常，产生不正常噪声	振动电机偏心块固定螺栓松动，偏心块移位	调整偏心块
	筛选焊接部位开裂，螺栓连接松动	补焊、紧固
	橡胶减振器失效	更换橡胶减振器
	平衡块安装不当	调整平衡块安装位置
	转轴发生弯曲	更换或校直主轴
	轴承损坏	更换轴承
成品中有不符合要求粒度的颗粒	筛网有破损、孔洞	更换筛网或补网
	筛框未顶紧或密封不严	把筛框压紧顶紧，检修密封

续表

故障现象	故障原因	排除方法
产量显著下降	物料水分过高，堵孔严重 筛孔大小不合要求 转速过低或皮带打滑 喂入量不足	调换低水分物料 更换筛网 检查带轮，调整胶带张紧度 增加喂入量
三角胶带发热	胶带松紧不当 带轮带槽损坏或表面过于粗糙	调整电机轴和主动齿轮轴向距 检修带轮
轴承发热	轴承润滑脂过多、过少或不良 轴承损坏 主轴弯曲或惯性力不平衡 轴承外圈与其配合不紧 胶带过紧 长期超负荷工作	换润滑脂，按规定加润滑脂 更换轴承 校直主轴，调整平衡块 拆换与轴承配合的零件 调整胶带的松紧度 减少喂料量
电机转动无力	电机两相运转 电机绕组短路 长期超负荷	接通断相，使其三相运转 检修电机 使电机在额定负荷下工作
电机启动困难	电压过低 导线截面积过小 保险丝烧断	待供电正常后启动 换适当导线 换与电机容量相适应的保险丝

Q145：品管员的工作职责是什么？

（1）坚守生产现场，做好现场质量管理和记录。

（2）对原料进厂、生产工艺、产品检验的全过程负责监督、检查和处理。

（3）对配方执行情况进行跟踪，对原料使用的各个环节进行严格的控制。

（4）对原料抽样进行感观检测。

（5）对库存原料进行定期检测。

（6）对计量设备在生产前进行校正。

（7）认真负责、秉公执法，严肃查处违纪行为。

Q146：品管员的工作目标是什么？

（1）对原料进行首次抽样至少达 30% 以上，并在样品袋上标明日期、名称、来源、感官检测后送于化验室。

（2）将检测结果通知客户、保管卸货与否，若不合格的应通知客户并将检验报告单送于采购办。

（3）卸货时 100% 抽样，同时注意感观判断，挑出霉变、结块等异常的拒收。

（4）指导保管进行合理的码垛。

（5）每天对库存原料的外围进行检测（手感、气味、温度）。

（6）对库存原料 5 ～ 6 d 进行翻垛、测温、检查，若有异常及时通知保管进行处理。

（7）指导保管合理地使用原料。

（8）监督保管对原料做到先进先用的原则。

（9）对一些水分偏高的原料通知保管及时使用，对当天的原料进行登记，标明名称、日期、来源、车数以及卸货过程中发现的情况做如实的记录（拒收的原料要求注明原因）。

（10）保留部分原料样品。

Q147：营销员的作用及工作特性是什么？

在市场营销管理活动中，从事市场调查、市场预测、商品（产品）市场开发、商品市场投放策划、市场信息管理、价格管理、销售促进、公共关系等业务活动的人员通常被定义为营销员。营销员是企业销售环节中最基础也是最关键的岗位之一，他们的工作是企业产生直接业绩和利润的重要来源，他们为企业实现产品直接销售，并指导企业的经销商"销出"企业的产品，指导直接用户合理使用产品，甚至还要提供产品使用过程中的延伸服务，最终实现产品的真正销售。

Q148：营销员的职责是什么？

（1）收集市场需求信息；

（2）实现公司下达的任务；

（3）经销商队伍建设；

（4）帮助经销商更有效地售出本公司产品；

（5）管好市场（区域、价格、通路、客户），并做到更实惠和高效率的运作；

（6）养殖户队伍建设。

Q149：营销员的工作目标是什么？

开拓客户与争取订单是营销员的两大主要任务。不管是营销新手还是营销高手，对于客户的开拓，从市场调研到客户接触与拜访展开商谈、争取订单，都必须花很大的功夫与勇气，并采取与之相适应的商谈技巧与营销技巧，才能拿到订单。

Q150：营销员如何培养客户需求？

客户需求的培养共分五步。

1. 寻找客户的需求 在双方的交谈中，顺势将交谈话题转移至自己产品的特点、使用方法、售后服务等方面，适当介绍其他客户对产品的看法，征求客户的意见和想法，了解客户的需求意识。

2. 澄清客户需求的程度 通过与客户的详细交谈，进一步理清客户需求的程度，明确"客户为什么会如此？""是何种形式的需求——无效需求、潜在需求或显在需求？"。

3. 协助客户将需求显性化 在基本弄清客户的需求程度和想法后，就应帮助客户将其需求逐步显性化，具体方法就是提出自己的产品使用方案和预期效果，打动客户，必要时还可以找出一些实实在在的佐证来说服客户。

4. 确定客户的需求 通过上述各项工作的努力，客户的需求已基本显在化。这时，营销员必须从积极的角度判断客户的需求，明确客户的真实需求，让客户切实感受到现在应该立即更换饲料产品。

5. 帮助客户下决心 一旦明确了客户的需求，营销员应进一步向客户提供公司与第三者的成功合作实例，充分说明更换饲料产品会带来的利益，帮助客户建立信心；同时，为客户提供决策所需的条件，提供创意，帮助客户解决购买更换饲料产品的过渡问题。